essentials

Essentials liefern aktuelles Wissen in konzentrierter Form. Die Essenz dessen, worauf es als „State-of-the-Art" in der gegenwärtigen Fachdiskussion oder in der Praxis ankommt. *Essentials* informieren schnell, unkompliziert und verständlich

- als Einführung in ein aktuelles Thema aus Ihrem Fachgebiet
- als Einstieg in ein für Sie noch unbekanntes Themenfeld
- als Einblick, um zum Thema mitreden zu können

Die Bücher in elektronischer und gedruckter Form bringen das Fachwissen von Springerautor*innen kompakt zur Darstellung. Sie sind besonders für die Nutzung als eBook auf Tablet-PCs, eBook-Readern und Smartphones geeignet. *Essentials* sind Wissensbausteine aus den Wirtschafts-, Sozial- und Geisteswissenschaften, aus Technik und Naturwissenschaften sowie aus Medizin, Psychologie und Gesundheitsberufen. Von renommierten Autor*innen aller Springer-Verlagsmarken.

Peter Ullrich

Integralrechnung frei nach Leibniz

Wie man Flächeninhalte mittels einer einzigen Grenzwertbetrachtung bestimmen kann

Peter Ullrich
Mathematisches Institut
Universität Koblenz
Koblenz, Deutschland

ISSN 2197-6708 ISSN 2197-6716 (electronic)
essentials
ISBN 978-3-658-32076-8 ISBN 978-3-658-32077-5 (eBook)
https://doi.org/10.1007/978-3-658-32077-5

Die Deutsche Nationalbibliothek verzeichnet diese Publikation in der Deutschen Nationalbibliografie; detaillierte bibliografische Daten sind im Internet über https://portal.dnb.de abrufbar.

© Springer Fachmedien Wiesbaden GmbH, ein Teil von Springer Nature 2025

Das Werk einschließlich aller seiner Teile ist urheberrechtlich geschützt. Jede Verwertung, die nicht ausdrücklich vom Urheberrechtsgesetz zugelassen ist, bedarf der vorherigen Zustimmung des Verlags. Das gilt insbesondere für Vervielfältigungen, Bearbeitungen, Übersetzungen, Mikroverfilmungen und die Einspeicherung und Verarbeitung in elektronischen Systemen.
Die Wiedergabe von allgemein beschreibenden Bezeichnungen, Marken, Unternehmensnamen etc. in diesem Werk bedeutet nicht, dass diese frei durch jede Person benutzt werden dürfen. Die Berechtigung zur Benutzung unterliegt, auch ohne gesonderten Hinweis hierzu, den Regeln des Markenrechts. Die Rechte des/der jeweiligen Zeicheninhaber*in sind zu beachten.
Der Verlag, die Autor*innen und die Herausgeber*innen gehen davon aus, dass die Angaben und Informationen in diesem Werk zum Zeitpunkt der Veröffentlichung vollständig und korrekt sind. Weder der Verlag noch die Autor*innen oder die Herausgeber*innen übernehmen, ausdrücklich oder implizit, Gewähr für den Inhalt des Werkes, etwaige Fehler oder Äußerungen. Der Verlag bleibt im Hinblick auf geografische Zuordnungen und Gebietsbezeichnungen in veröffentlichten Karten und Institutionsadressen neutral.

Springer Spektrum ist ein Imprint der eingetragenen Gesellschaft Springer Fachmedien Wiesbaden GmbH und ist ein Teil von Springer Nature.
Die Anschrift der Gesellschaft ist: Abraham-Lincoln-Str. 46, 65189 Wiesbaden, Germany

Wenn Sie dieses Produkt entsorgen, geben Sie das Papier bitte zum Recycling.

Was Sie in diesem *essential* finden können

- Bestimmung des Integrals für monotone Funktionen nach einer Idee von Gottfried Wilhelm Leibniz
- Rückführung der Flächeninhaltsbestimmung auf Abschätzungen im Endlichen mittels eines einzigen Grenzprozesses
- Bestimmung der Integrale der in der Schule verwendeten elementaren Funktionen
- Einordnung dieses Zugangs in Fachmathematik, Mathematikdidaktik und Mathematikgeschichte
- Vergleich mit der Differentialgeometrie konvexer und konkaver Funktionen

Vorwort

Die Integralrechnung, also primär die Bestimmung von Flächeninhalten mit Hilfsmitteln aus der Analysis, macht heutzutage einen bedeutenden Teil sowohl des Mathematikunterrichts in der Sekundarstufe II als auch der Lehrveranstaltungen in den ersten Semestern von Studiengängen mit Mathematikanteil aus.

Insbesondere von Isaac Newton (1642/43–1727), Gottfried Wilhelm Leibniz (1646–1716), Bernhard Riemann (1826–1866) und Karl Weierstraß (1815–1897) ist im Laufe der historischen Entwicklung ein theoretischer Unterbau für die Integralrechnung errichtet worden, der eine in sich schlüssige Begründung für sie liefert. Allerdings ist die mit Weierstraßscher „epsilontischer" Strenge entwickelte formale Theorie des Riemann-Integrals bereits für stetige Funktionen technisch aufwändig. In den Anfängerverstaltungen eines Mathematik-Studiums mag dies angezeigt sein, aber sowohl aus der Schulpraxis als auch in den Vorgaben der von der Kultusministerkonferenz verabschiedeten „Bildungsstandards im Fach Mathematik für die Allgemeine Hochschulreife" [15] wird die Aufforderung geäußert, den formalen Aufwand bei der Theorie der Integration zu reduzieren.

Die folgende Darstellung kommt diesem Bedürfnis insoweit nach, dass eine Integrationstheorie für stückweise monotone Funktionen entwickelt wird, in der nur ein einziger Grenzwertprozess benötigt wird. Dieser dient dazu, generell Integralfunktionen zu einer gegebenen Funktion zu charakterisieren; der Rest der Überlegungen besteht aus Abschätzungen endlicher Größen ohne infinitesimale Argumente. Zudem kann diese Grenzwertbildung sowohl geometrisch anschaulich als auch in algebraischer Sprache durchgeführt – und in der durch den Verzicht auf technischen Aufwand gewonnenen Zeit auch verstanden – werden. Diese Integrationstheorie geht daher konform mit der Forderung der Bildungsstandards nach der Verwendung eines „propädeutischen Grenzwertbegriffs" in der Analysis [15, 2.2, Leitidee 1].

Der verwendete Zugang ist inspiriert durch den Text *De quadratura arithmetica circuli ellipseos et hyperbolae cujus corollarium est trigonometria sine tabulis* von Leibniz aus dem Jahr 1676 [16]. Hierin bestimmte dieser konkrete Flächeninhalte, stellte aber auch Überlegungen zu den Grundlagen der Infinitesimalrechnung an. Dabei zeigte er mathematisch exakt, wie sich Integrale monotoner Funktionen durch Summen der Flächeninhalte von Rechtecken annähern lassen [16, Propositio VI]. Aufgrund äußerer Umstände wurde das Manuskript damals nicht publiziert; erst 2016 erschien eine deutsche Übersetzung [18]. Leibniz selbst sah das Manuskript aber als geeignet für Anfänger an.

Im folgenden Text wird das Originalresultat von Leibniz zu einer Integrationstheorie für monotone Funktionen ausgebaut, die sich leicht auf stückweise monotone erweitern lässt. Dazu werden in Kap. 1 die grundlegenden Beweise ausgeführt, beginnend damit, dass sich der Flächeninhalt unter dem Graphen einer monotonen – nicht notwendig stetigen – Funktion durch Summen der Flächeninhalte achsenparalleler Rechtecke unter dem Graphen beliebig genau annähern läßt.

Die Werte der Integrale über die im Analysisunterricht der Sekundarstufe II verwendeten elementaren Funktionen werden in Kap. 2 bestimmt: Für die Integration der Monome mit natürlichen Exponenten wird nicht die übliche Formel für Summen der Potenzen der ersten natürlichen Zahlen verwendet, sondern es reicht die endliche geometrische Reihe aus; für die Integration der Exponentialfunktion sowie der Sinus- und der Cosinusfunktion benötigt man Standardabschätzungen.

Im Anschluss daran werden die erhaltenen Ergebnisse aus verschiedenen Perspektiven reflektiert: zum einen unter dem Gesichtspunkt der klassischen „epsilontischen" Riemannschen Integrationstheorie, auch im Hinblick auf die Anschlussfähigkeit in den Anfängervorlesungen eines Mathematik-Studiums, zum anderen im mathematikdidaktischen Zusammenhang mit der Forderung der Bildungsstandards [15] nach einem nicht-formalen Grenzwertbegriff im Analysisunterricht. (Kap. 3) Als drittes werden das die Ausgangsidee liefernde Manuskript [16, 18] von Leibniz und dessen Hintergrund historisch beleuchtet. (Kap. 4)

Bestimmungen der Integralwerte weiterer Funktionen finden sich in Kap. 5, ebenso Rechenregeln wie partielle Integration und Substitution, welche belegen, dass der beschriebene Zugang zur Integralrechnung in der Tat ein allgemeines Verfahren und nicht auf spezielle Eigenschaften einzelner Beispiele angewiesen ist.

Für die bislang beschriebenen Überlegungen ist kein Rückgriff auf die Differentialrechnung im Sinne des Hauptsatzes der Differential- und Integralrechnung erforderlich. Im abschließenden Kap. 6 wird jedoch ausgenutzt, dass bei der Integration einer monotonen Funktion diese stets die Steigung einer Stützgeraden an ihre Integralfunktion angibt. Daher hat die zuvor entwickelte Integrationstheorie eine Entsprechung auf Seiten der Differentialrechnung für konvexe bzw. konkave Funktionen, mit der man auch ein Analogon des üblichen Hauptsatzes der Differential- und Integralrechnung erhält. Überdies steht für konvexe und konkave Funktionen eine grenzwertfreie Charakterisierung der Tangentensteigung zur Verfügung.

Koblenz   Peter Ullrich
den 7. Januar 2025

Inhaltsverzeichnis

1 Integrale monotoner Funktionen 1
   1.1 Zum Integralbegriff 1
   1.2 Monotone und stückweise monotone Funktionen 3
   1.3 Annäherung an Integrale durch Rechtecksummen 4
   1.4 Charakterisierung der Integralfunktionen monotoner Funktionen 8

2 Integration elementarer Funktionen 11
   2.1 Integration von Monomen mit natürlichen Exponenten 11
   2.2 Integration der Exponentialfunktion 13
   2.3 Integration der Sinus- und der Cosinusfunktion 13

3 Kommentare aus der Sicht der Universitäts- und der Schulmathematik 17
   3.1 Existenz des Integrals 17
   3.2 Additivität des Integrals bezüglich des Integranden 18
   3.3 Integration stetiger Funktionen versus Beschränkung auf stückweise monotone Funktionen 19

4 Das Manuskript von Leibniz aus dem Jahre 1676 über Infinitesimalrechnung 23
   4.1 Die Vorgeschichte des Manuskriptes 23
   4.2 Zum Inhalt des Manuskriptes 24
   4.3 Adaption des Leibnizschen Transmutationssatzes 26

5 Weitere Bestimmungen von Integralfunktionen und Rechenregeln für die Integration... 29
   5.1 Integration von Monomen mit ganzzahligen Exponenten kleinergleich −2... 29
   5.2 Zusammenhang der Integralwerte von Funktion und Umkehrfunktion... 30
   5.3 Integration von Wurzeln... 32
   5.4 Partielle Integration... 32
   5.5 Substitutionsregel... 34
   5.6 Integration von $x \mapsto 1/x$... 35
   5.7 Integration von Monomen mit gebrochenen Exponenten... 35

6 Analogie zum Hauptsatz der Differential- und Integralrechnung... 37
   6.1 Stützgeraden an Graphen von Funktionen... 38
   6.2 Anwendung auf Integralfunktionen monotoner Funktionen... 39
   6.3 Konvexe bzw. konkave Funktionen und ihre Differenzierbarkeit... 40

Was Sie aus diesem *essential* mitnehmen können ... 45

Literatur... 47

# Integrale monotoner Funktionen 1

Es sei $\mathbb{R}$ die Menge aller reellen Zahlen, $\mathbb{R}_{\geq 0} := \{x \in \mathbb{R} : x \geq 0\}$ die Menge aller nicht-negativen reellen Zahlen und $\mathbb{R}_{>0} := \{x \in \mathbb{R} : x > 0\}$ die Menge aller (echt) positiven reellen Zahlen. Weiterhin bezeichne stets $[a, b]$ ein abgeschlossenes Intervall, also $[a, b] = \{x \in \mathbb{R} : a \leq x \leq b\}$, wobei $a, b \in \mathbb{R}$ mit $a \leq b$ sind. Gegeben sei eine Funktion f, die reelle Werte annimmt und auf $[a, b]$ definiert ist, was mit $f : [a, b] \to \mathbb{R}$ symbolisiert wird.

1.1 Zum Integralbegriff

Um das Integral von f über dem Intervall $[a, b]$ zu definieren, betrachte man zunächst den Fall, dass f nur nicht-negative Werte annimmt, also $f : [a, b] \to \mathbb{R}_{\geq 0}$ gilt. Dann lässt sich das, mit dem Symbol

$$\int_a^b f(x)\, dx$$

bezeichnete, Integral von f von a nach b auffassen als der Inhalt der Fläche, die von dem Graphen von f über dem Intervall $[a, b]$ und den Geraden $y = 0$, $x = a$ und $x = b$ eingeschlossen wird. (Bei den im Schulunterricht betrachteten Funktionen f stellt sich nicht die Frage nach der Existenz des Flächeninhalts als reelle Zahl; diese wird in Kap. 3 diskutiert.)

Sind in der obigen Situation $m, M \in \mathbb{R}_{\geq 0}$ mit $m \leq f(x) \leq M$ für alle $x \in [a, b]$, so enthält die Fläche, die zur Definition des Integrals herangezogen wird, das Rechteck, das von den Geraden $y = m$, $y = 0$, $x = a$ und $x = b$ begrenzt wird, und

© Springer Fachmedien Wiesbaden GmbH, ein Teil von Springer Nature 2025
P. Ullrich, *Integralrechnung frei nach Leibniz*, essentials,
https://doi.org/10.1007/978-3-658-32077-5_1

ist selbst in dem Rechteck enthalten, das von den Geraden $y = M$, $y = 0$, $x = a$ und $x = b$ begrenzt wird. Daher ergibt sich die

Bemerkung. *Seien $f: [a, b] \to \mathbb{R}_{\geq 0}$ und $m, M \in \mathbb{R}_{\geq 0}$ mit $m \leq f(x) \leq M$. Dann gilt*

$$m \cdot (b - a) \leq \int_a^b f(x)\, dx \leq M \cdot (b - a).$$

Aufgrund der geometrischen Anschauung folgen aus der Definition des Integrals weiterhin:

Additivität des Integrals bezüglich Zerlegungen des Integrationsbereichs. *Für alle $\gamma \in [a, b]$ gilt*

$$\int_a^\gamma f(x)\, dx + \int_\gamma^b f(x)\, dx = \int_a^b f(x)\, dx.$$

Verträglichkeit mit positiven reellen Faktoren. *Ist $C \in \mathbb{R}_{>0}$, so gilt*

$$\int_a^b (Cf)(x)\, dx = C \int_a^b f(x)\, dx.$$

Motiviert durch die letztgenannte Eigenschaft erweitert man die Definition des Integrals auf Funktionen $-f$, wenn f nur positive Werte annimmt, durch

$$\int_a^b (-f)(x)\, dx = - \int_a^b f(x)\, dx.$$

Somit hat man das Integral auch für Funktionen definiert, die nur negative Werte annehmen, und erhält die Verträglichkeit der Integralbildung mit allen reellen Faktoren, auch negativen.

Durch die obige Setzung ist das Integral zu einem Flächeninhalt mit Vorzeichen geworden, also zu einem orientierten Flächeninhalt. Diese Orientierung lässt sich auf beliebige Funktionen f ausdehnen, indem man generell die Additivität des Integrals bezüglich Zerlegungen des Integrationsbereichs unterstellt: Die Integrale einer beliebigen Funktion f über Teilintervalle, in denen die Funktion entweder nur positive oder nur negative Werte annimmt, sind bereits erklärt, und man braucht nur die Werte der Integrale über diese Teilintervalle aufzuaddieren, um den Wert des Integrals über das gesamte Intervall zu erhalten.

Bei dieser Verallgemeinerung des Integralbegriffes bleibt die Aussage der obigen Bemerkung erhalten; man kann also auf die Voraussetzung verzichten, dass sowohl die Funktionswerte $f(x)$ als auch die Schranken m und M nicht-negativ sind.

Die folgenden Zeichnungen zeigen stets den Spezialfall, dass $0 \leq a \leq b$ ist und die Funktion $f: [a, b] \to \mathbb{R}$ nur nicht-negative Werte annimmt. Falls eine der letztgenannten Bedingungen für die Gültigkeit einer Aussage erforderlich ist, wird diese jedoch explizit im Text verlangt.

1.2 Monotone und stückweise monotone Funktionen

Eine Funktion $f: [a, b] \to \mathbb{R}$ heißt **monoton wachsend**, wenn für alle $\alpha, \beta \in [a, b]$ mit $\alpha \leq \beta$ gilt $f(\alpha) \leq f(\beta)$; sie heißt **monoton fallend**, wenn für alle $\alpha, \beta \in [a, b]$ mit $\alpha \leq \beta$ gilt $f(\alpha) \geq f(\beta)$.

Insbesondere gilt im Falle einer monoton wachsenden Funktion $f: [a, b] \to \mathbb{R}$ also $f(a) \leq f(x) \leq f(b)$ für alle $x \in [a, b]$.

Weiterhin heißt eine Funktion $f: [a, b] \to \mathbb{R}$ **stückweise monoton,** wenn es eine endliche Zerlegung $a = \xi_0 < \xi_1 < \ldots < \xi_{m-1} < \xi_m = b$ des Intervalls $[a, b]$ gibt, so dass die Einschränkung von f auf das Teilintervall $[\xi_{i-1}, \xi_i]$ monoton wachsend oder monoton fallend ist für jedes $i \in \{1, \ldots, m\}$. Aufgrund der Additivität des Integrals bezüglich Zerlegungen des Integrationsbereichs gilt dann

$$\int_a^b f(x)\,dx = \int_{\xi_0}^{\xi_1} f(x)\,dx + \cdots + \int_{\xi_{m-1}}^{\xi_m} f(x)\,dx,$$

so dass man das Integral der stückweise monotonen Funktion f auf Integrale über Intervalle zurückführen kann, auf denen die Einschränkung von f monoton ist.

Somit lässt sich eine Theorie der Integralberechnung, die für monotone Funktionen gilt, unmittelbar auf stückweise monotone Funktionen übertragen.

Der Übersichtlichkeit der Darstellung zuliebe werden daher im Folgenden nur **monotone** Funktionen diskutiert. Dabei kann man sich sogar auf monoton wachsende Funktionen beschränken, da eine Funktion f genau dann monoton fallend ist, wenn $-f$ monoton wachsend ist, und aufgrund der Verträglichkeit der Integralbildung mit reellen Faktoren gilt $\int_a^b (-f)(x)\,dx = -\int_a^b f(x)\,dx$.

Falls sich Resultate in den beiden Fällen monotonen Wachsens bzw. monotonen Fallens unterscheiden, werden jedoch beide Versionen angegeben.

1.3 Annäherung an Integrale durch Rechtecksummen

Bemerkung. *Für jede monoton wachsende Funktion* $f : [a, b] \to \mathbb{R}$ *gilt*

$$f(a) \cdot (b - a) \leq \int_a^b f(x)\, dx \leq f(b) \cdot (b - a).$$

Falls $f : [a, b] \to \mathbb{R}$ *monoton fallend ist, gilt die Abschätzung mit umgekehrten Ungleichheitszeichen.*

Beweis. Da f als monoton wachsend vorausgesetzt wurde, gilt $f(a) \leq f(x) \leq f(b)$ für alle $x \in [a, b]$. Somit kann man in der Bemerkung in Abschn. 1.1 setzen $m := f(a)$ und $M := f(b)$. □

Die obige Bemerkung ist zwar elementar; es zeigt sich hier allerdings schon eine entscheidende Eigenschaft monotoner Funktionen: Bei diesen kann man die Schranken m und M für alle Funktionswerte auf dem Intervall $[a, b]$ als $f(a)$ und $f(b)$ angeben; im Falle stetiger Funktionen hingegen existieren zwar ebenfalls solche Schranken und sind sogar Funktionswerte, die zugehörigen Argumente hingegen lassen sich nicht explizit angeben.

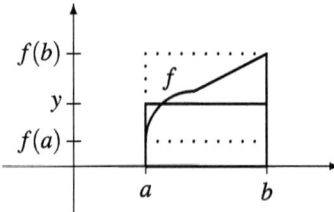

Lemma. *Für jede monoton wachsende Funktion* $f : [a, b] \to \mathbb{R}$ *und jedes* $y \in \big[f(a), f(b)\big]$ *gilt*

$$\left| y \cdot (b - a) - \int_a^b f(x)\, dx \right| \leq \big(f(b) - f(a)\big) \cdot (b - a).$$

Falls f monoton fallend ist, gilt die Aussage für jedes $y \in \big[f(b), f(a)\big]$ *mit* $f(a) - f(b)$ *an Stelle des Faktors* $f(b) - f(a)$.

Beweis. Sei f monoton wachsend. Da $y \in \big[f(a), f(b)\big]$ und $b - a \geq 0$ ist, liegt $y \cdot (b - a)$ zwischen $f(a) \cdot (b - a)$ und $f(b) \cdot (b - a)$. Aufgrund der obigen Bemerkung liegt auch $\int_a^b f(x)\, dx$ zwischen diesen Schranken.

1.3 Annäherung an Integrale durch Rechtecksummen

Daher unterscheiden sich $y \cdot (b-a)$ und $\int_a^b f(x)\,dx$ betragsmäßig um höchstens so viel voneinander, wie sich $f(a) \cdot (b-a)$ und $f(b) \cdot (b-a)$ betragsmäßig voneinander unterscheiden, wegen $f(b) \geq f(a)$ also um

$$f(b) \cdot (b-a) - f(a) \cdot (b-a) = \bigl(f(b) - f(a)\bigr) \cdot (b-a).$$

□

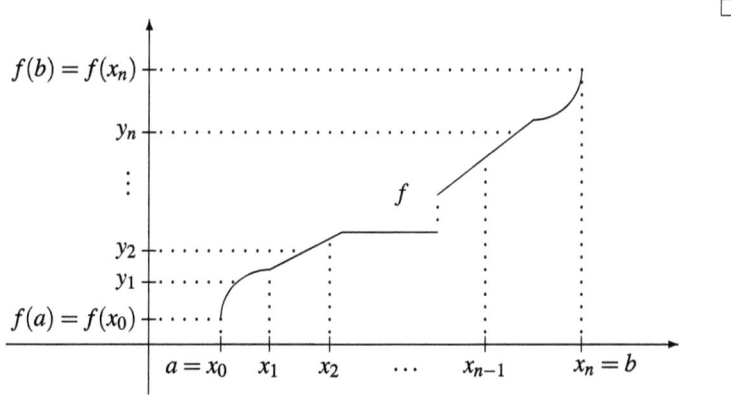

Diese Abschätzung für $\int_a^b f(x)\,dx$ lässt sich verbessern, indem man das Intervall $[a, b]$ durch endlich viele, beliebig gewählte, Punkte $a = x_0 < x_1 < \ldots < x_{n-1} < x_n = b$ unterteilt und das Lemma auf jedes einzelne der Teilintervalle $[x_{j-1}, x_j]$ anwendet, wobei man für jedes $j \in \{1, \ldots, n\}$ ein $y_j \in [f(x_{j-1}), f(x_j)]$ wählt.

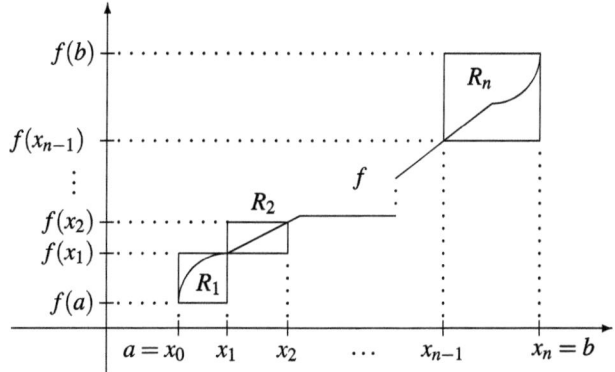

Aufgrund des Lemmas unterscheidet sich dann für jedes $j \in \{1, \ldots, n\}$ das Integral $\int_{x_{j-1}}^{x_j} f(x)\,dx$ über das Teilintervall $[x_{j-1}, x_j]$ von $y_j \cdot (x_j - x_{j-1})$ betragsmäßig höchstens um den Flächeninhalt des Rechtecks R_j mit der Breite $x_j - x_{j-1}$ und der Höhe $f(x_j) - f(x_{j-1})$. Also unterscheidet sich das gesamte Integral $\int_a^b f(x)\,dx$ von der Summe $\sum_{j=1}^n y_j \cdot (x_j - x_{j-1})$ betragsmäßig höchstens um die Summe der Flächeninhalte aller Rechtecke R_j mit $j \in \{1, \ldots, n\}$.

Um die Summe der Flächeninhalte aller Rechtecke $R_1, R_2, \ldots R_n$ zu bestimmen, stapele man diese (linksbündig) übereinander:

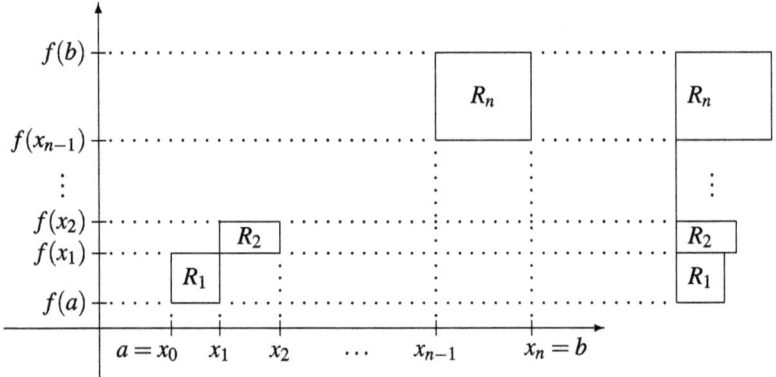

Der Stapel der Rechtecke $R_1, R_2, \ldots R_n$ hat eine Höhe von

$$\bigl(f(x_1) - f(a)\bigr) + \bigl(f(x_2) - f(x_1)\bigr) + \cdots + \bigl(f(b) - f(x_{n-1})\bigr) = f(b) - f(a),$$

als maximale Breite die größte der Differenzen $x_j - x_{j-1}$ für $j \in \{1, \ldots, n\}$ und daher höchstens den Flächeninhalt

$$\bigl(f(b) - f(a)\bigr) \cdot \max_{1 \leq j \leq n} (x_j - x_{j-1}).$$

Damit ist folgendes Ergebnis gezeigt, das Leibniz bereits 1676 bekannt war und von ihm auch im Wesentlichen wie eben bewiesen wurde (Satz VI nebst Beweis in [16, 18]):

1.3 Annäherung an Integrale durch Rechtecksummen

Satz. *Sei* $f : [a, b] \to \mathbb{R}$ *eine monoton wachsende Funktion, sei* $a = x_0 < x_1 < \ldots < x_{n-1} < x_n = b$ *eine Unterteilung von* $[a, b]$ *durch endlich viele Punkte und* $y_j \in [f(x_{j-1}), f(x_j)]$ *beliebig für* $j \in \{1, \ldots, n\}$. *Dann gilt:*

$$\left| \left(\sum_{j=1}^{m} y_j \cdot (x_j - x_{j-1}) \right) - \int_a^b f(x)\,dx \right| \leqq \left(f(b) - f(a) \right) \cdot \max_{1 \leqq j \leqq n} (x_j - x_{j-1}).$$

Falls f *monoton fällt, gilt die analoge Abschätzung mit dem Faktor* $f(a) - f(b)$ *anstelle von* $f(b) - f(a)$.

Statt der eben durchgeführten geometrischen Argumentation kann man für den Satz genau so gut einen *algebraischer Beweis* führen: Wiederum benötigt man das Lemma, und zwar für das erste Ungleichheitszeichen:

$$\left| \left(\sum_{j=1}^{n} y_j \cdot (x_j - x_{j-1}) \right) - \int_a^b f(x)\,dx \right|$$

$$= \left| \sum_{j=1}^{n} \left(y_j \cdot (x_j - x_{j-1}) - \int_{x_{j-1}}^{x_j} f(x)\,dx \right) \right|$$

$$\leqq \sum_{j=1}^{n} \left(f(x_j) - f(x_{j-1}) \right) \cdot (x_j - x_{j-1})$$

$$\leqq \left(\sum_{j=1}^{n} \left(f(x_j) - f(x_{j-1}) \right) \right) \cdot \max_{1 \leqq j \leqq n} (x_j - x_{j-1})$$

$$= \left(f(b) - f(a) \right) \cdot \max_{1 \leqq j \leqq n} (x_j - x_{j-1}).$$

□

Anmerkung. Dieser Satz macht nicht nur eine abstrakte Aussage über die Möglichkeit, Integrale durch Rechtecksummen anzunähern, sondern stellt auch eine explizite numerische Abschätzung für den Fehler zur Verfügung: Soll dieser kleiner als eine gegebene Schranke ε sein, so braucht man die Unterteilung $a = x_0 < x_1 < \ldots < x_{n-1} < x_n = b$ des Intervalls $[a, b]$ nur so fein zu wählen, dass

$$\left(f(b) - f(a) \right) \cdot \max_{1 \leqq j \leqq n} (x_j - x_{j-1}) < \varepsilon$$

gilt, wobei der Faktor $f(b) - f(a)$ direkt durch die Funktion f gegeben ist.

Die y_j müssen dabei nur die Bedingung $y_j \in \left[f(x_{j-1}), f(x_j)\right]$ genügen, wobei die einfachste Wahl offenbar $y_j = f(x_{j-1})$ bzw. $y_j = f(x_j)$ ist für $j \in \{1, \ldots, n\}$.

1.4 Charakterisierung der Integralfunktionen monotoner Funktionen

Um Werte von Integralen einer monotonen Funktion $f: [a, b] \to \mathbb{R}$ direkt angeben zu können, ist man an einer einfacheren Beschreibung der Funktion $F_0: [a, b] \to \mathbb{R}$, $\beta \mapsto \int_a^\beta f(x)\, dx$ interessiert bzw., allgemeiner, an einer einfacheren Beschreibung von **Integralfunktionen** $F: [a, b] \to \mathbb{R}$, welche

$$F(\beta) - F(\alpha) = \int_\alpha^\beta f(x)\, dx$$

für alle α, β mit $a \leq \alpha < \beta \leq b$ erfüllen.

Aufgrund der Bemerkung aus Abschn. 1.3 hat für monoton wachsendes f eine derartige Integralfunktion F von f die Eigenschaft, dass für alle α, β mit $a \leq \alpha < \beta \leq b$ gilt:

$$F(\beta) - F(\alpha) = \int_\alpha^\beta f(x)\, dx \in \left[(\beta - \alpha)f(\alpha), (\beta - \alpha)f(\beta)\right],$$

wegen $\beta - \alpha > 0$ also

$$\frac{F(\beta) - F(\alpha)}{\beta - \alpha} \in \left[f(\alpha), f(\beta)\right].$$

Man beachte, dass nicht verlangt wird, dass dieser Differenzenquotient von der Gestalt $f(\gamma)$ ist mit einem $\gamma \in [\alpha, \beta]$. Bei der obigen Eigenschaft handelt es sich also *nicht* um eine Mittelwerteigenschaft wie in [13, S. 229–230].

Das zentrale Ergebnis ist nun, dass diese Eigenschaft Integralfunktionen monotoner Funktionen vollständig kennzeichnet:

1.4 Charakterisierung der Integralfunktionen monotoner Funktionen

Charakterisierung der Integralfunktionen monotoner Funktionen. *Genau dann ist $F: [a, b] \to \mathbb{R}$ eine Integralfunktion zu der monoton wachsenden Funktion $f: [a, b] \to \mathbb{R}$, wenn für alle $\alpha, \beta \in [a, b]$ mit $\alpha < \beta$ gilt*

$$\frac{F(\beta) - F(\alpha)}{\beta - \alpha} \in [f(\alpha), f(\beta)].$$

Falls f monoton fällt, lautet die Bedingung stattdessen

$$\frac{F(\beta) - F(\alpha)}{\beta - \alpha} \in [f(\beta), f(\alpha)].$$

Beweis. Eben wurde bereits mittels der Bemerkung aus Abschn. 1.3 gezeigt, dass jede Integralfunktion F zu f die genannte Bedingung erfüllt.

Somit bleibt nur nachzuweisen, dass eine beliebige Funktion F, die diese Bedingung erfüllt, eine Integralfunktion von f ist, also, dass für alle $\alpha, \beta \in [a, b]$ mit $\alpha < \beta$ gilt

$$F(\beta) - F(\alpha) = \int_\alpha^\beta f(x)\,dx.$$

Es sei angenommen, dass es $\alpha, \beta \in [a, b]$ mit $\alpha < \beta$ gibt, für die diese Gleichung nicht gilt. Dann ist

$$\varepsilon := \left| F(\beta) - F(\alpha) - \int_\alpha^\beta f(x)\,dx \right| > 0.$$

Man wähle eine endliche Unterteilung $\alpha = x_0 < x_1 < \ldots < x_{n-1} < x_n = \beta$ von $[\alpha, \beta]$ so fein, dass gilt:

$$\bigl(f(\beta) - f(\alpha)\bigr) \cdot \max_{1 \leq j \leq n} (x_j - x_{j-1}) < \varepsilon.$$

Für $j \in \{1, \ldots, n\}$ beliebig liefert die Voraussetzung über F mit x_{j-1} anstelle von α und x_j anstelle von β ein $y_j \in \bigl[f(x_{j-1}), f(x_j)\bigr]$ mit

$$\frac{F(x_j) - F(x_{j-1})}{x_j - x_{j-1}} = y_j, \quad \text{also} \quad F(x_j) - F(x_{j-1}) = y_j \cdot \bigl(x_j - x_{j-1}\bigr).$$

Dann folgt:

$$F(\beta) - F(\alpha) = F(x_m) - F(x_0) = \sum_{j=1}^{n}(F(x_j) - F(x_{j-1})) = \sum_{j=1}^{n} y_j \cdot (x_j - x_{j-1}).$$

Aufgrund des Satzes aus Abschn. 1.3 folgt somit

$$\left| F(\beta) - F(\alpha) - \int_{\alpha}^{\beta} f(x)\,dx \right| = \left| \left(\sum_{j=1}^{n} y_j \cdot (x_j - x_{j-1})\right) - \int_{\alpha}^{\beta} f(x)\,dx \right|$$

$$\leqq \left(f(\beta) - f(\alpha)\right) \cdot \max_{1 \leqq j \leqq n}(x_j - x_{j-1}) < \varepsilon = \left| F(\beta) - F(\alpha) - \int_{\alpha}^{\beta} f(x)\,dx \right|$$

Widerspruch! □

Das „epsilontische" Argument in dem obigen Beweis ist wohlgemerkt das einzige, welches in der vorliegenden Theorie der Integralrechnung verwendet wird!

2 Integration elementarer Funktionen

Mittels der eben gegebenen Charakterisierung von Integralfunktionen einer monotonen Funktion $f : [a, b] \to \mathbb{R}$ werden im Folgenden für elementare Funktionen f Integralfunktionen explizit bestimmt. Dabei wird in den nächsten Kapiteln die Integration *nicht* als Umkehrung der Differentiation verstanden; dieser Aspekt wird erst in Kap. 6 zum Tragen kommen.

Dadurch stellt sich allerdings die Frage, wie man auf mögliche Kandidaten für Integralfunktionen kommen kann. Für den Schulunterricht bietet es sich etwa an, Integralfunktionen erst unter Zuhilfenahme digitaler Lernumgebungen vermuten zu lassen, vgl. [8], um die Vermutung dann durch Rechnungen wie die folgenden zu verifizieren.

2.1 Integration von Monomen mit natürlichen Exponenten

Bei den Monomen $x \mapsto x^n$ mit natürlichen Zahlen n als Exponenten kann man alternativ auch erst einmal die Beispiele für $n = 0$ und $n = 1$ durchrechnen:

Für $n = 0$ ist wegen $\int_\alpha^\beta 1\, dx = \beta - \alpha$ die Funktion $x \mapsto x = x^1$ eine Integralfunktion von x^0.

Für $n = 1$ ergibt sich aus der Formel für den Flächenhinhalt eines Trapezes

$$\int_\alpha^\beta x\, dx = (\beta - \alpha) \cdot \tfrac{1}{2}(\beta + \alpha) = \tfrac{1}{2}\beta^2 - \tfrac{1}{2}\alpha^2,$$

so dass sich $x \mapsto \frac{1}{2}x^2$ als eine Integralfunktion von x^1 herausstellt.
Diese beiden Beispiele führen zu der

Vermutung. *Für jedes* $n \in \mathbb{N}_0$ *hat die Funktion*

$$f: \mathbb{R} \to \mathbb{R}, x \mapsto x^n$$

die Integralfunktion

$$F: \mathbb{R} \to \mathbb{R}, x \mapsto \tfrac{1}{n+1}x^{n+1}.$$

Der *Beweis* hierzu wird mittels der Charakterisierung von Integralfunktionen aus Abschn. 1.4 geführt, und zwar der Kürze halber nur auf der Menge $\mathbb{R}_{\geq 0}$ der nicht-negativen reellen Zahlen. Auf der Menge der negativen reellen Zahlen ist eine Fallunterscheidung erforderlich, je nach dem, ob n gerade oder ungerade, das Monom dort also monoton fallend oder monoton wachsend ist; die Argumentation erfolgt aber analog:

Sind $\alpha, \beta \in \mathbb{R}$ mit $0 \leq \alpha < \beta$ beliebig, so gilt aufgrund der endlichen geometrischen Summe (bzw. der verallgemeinerten 3. binomischen Formel), aber ohne die sonst übliche Summationsformel für die n-ten Potenzen der ersten natürlichen Zahlen zu verwenden:

$$\beta^{n+1} - \alpha^{n+1} = (\beta - \alpha) \cdot \left(\beta^n + \beta^{n-1}\alpha + \cdots + \beta\alpha^{n-1} + \alpha^n\right),$$

woraus sich für F ergibt:

$$\frac{F(\beta) - F(\alpha)}{\beta - \alpha} = \frac{\tfrac{1}{n+1}\beta^{n+1} - \tfrac{1}{n+1}\alpha^{n+1}}{\beta - \alpha} = \tfrac{1}{n+1}\left(\beta^n + \beta^{n-1}\alpha + \cdots + \beta\alpha^{n-1} + \alpha^n\right).$$

Wegen $0 \leq \alpha < \beta$ gilt dabei

$$f(\alpha) = \alpha^n = \tfrac{1}{n+1}\left((n+1)\alpha^n\right) \leq \tfrac{1}{n+1}\left(\beta^n + \beta^{n-1}\alpha + \cdots + \beta\alpha^{n-1} + \alpha^n\right)$$
$$\leq \tfrac{1}{n+1}\left((n+1)\beta^n\right) = \beta^n = f(\beta),$$

also

$$\frac{F(\beta) - F(\alpha)}{\beta - \alpha} = \tfrac{1}{n+1}\left(\beta^n + \beta^{n-1}\alpha + \cdots + \beta\alpha^{n-1} + \alpha^n\right) \in \left[f(\alpha), f(\beta)\right].$$

2.3 Integration der Sinus- und der Cosinusfunktion

Aufgrund der Charakterisierung von Integralfunktionen in Abschn. 1.4 ist somit in der Tat $F\colon \mathbb{R}_{\geq 0} \to \mathbb{R}, x \mapsto \frac{1}{n+1}x^{n+1}$ eine Integralfunktion zu $f\colon \mathbb{R}_{\geq 0} \to \mathbb{R}, x \mapsto x^n$. □

2.2 Integration der Exponentialfunktion

Die Exponentialfunktion $\exp\colon \mathbb{R} \to \mathbb{R}, x \mapsto e^x$ kann auf verschiedene Weisen eingeführt werden, siehe etwa [9, S. 180–182], [6]. In jedem Fall folgt aus dem Additionstheorem $e^{x+y} = e^x \cdot e^y$ ihr monotones Wachsen. Weiterhin lässt sich für $x > 0$ die Abschätzung

$$x < e^x - 1 \leq xe^x$$

herleiten, die bisweilen im Schulunterricht bei der Bestimmung der Ableitung von exp verwendet wird, siehe etwa [6, S. 470]. Auch bei der direkten Bestimmung einer Integralfunktion von exp lässt sie sich nutzen:

Behauptung. *Die Funktion* exp *besitzt sich selbst als Integralfunktion.*

Beweis. Für alle $\alpha, \beta \in \mathbb{R}$ mit $\alpha < \beta$ gilt aufgrund des Additionstheorems der Exponentialfunktion

$$\frac{\exp(\beta) - \exp(\alpha)}{\beta - \alpha} = \frac{e^\beta - e^\alpha}{\beta - \alpha} = e^\alpha \cdot \frac{e^{\beta - \alpha} - 1}{\beta - \alpha}.$$

Mit $x := \beta - \alpha > 0$ gibt dabei aufgrund der obigen Abschätzung

$$\beta - \alpha < e^{\beta - \alpha} - 1 < (\beta - \alpha)e^{\beta - \alpha},$$

also

$$\frac{e^{\beta - \alpha} - 1}{\beta - \alpha} \in [1, e^{\beta - \alpha}], \quad \text{und damit} \quad \frac{e^\beta - e^\alpha}{\beta - \alpha} \in [e^\alpha, e^\beta].$$

Der Charakterisierung von Integralfunktionen in Abschn. 1.4 liefert dann die Behauptung. □

2.3 Integration der Sinus- und der Cosinusfunktion

Sei $x \in [0, \pi/2]$. Dann ist $\sin x$ gleich der Länge des Lotes vom Punkt $(\cos x, \sin x)$ zur x-Achse, also gleich der Länge der kürzesten Verbindung dieses Punktes zu irgendeinem Punkt der Achse. Damit ist $\sin x$ kleiner oder gleich der Länge des

Kreisbogens um den Ursprung (0, 0) mit Radius 1 von dem genannten Punkt zum Punkt (1, 0), die letztgenannte Länge ist aber nach der Definition des Bogenmaßes gleich x. Somit ist gezeigt

$$\sin x \leqq x.$$

Weiterhin ist der zum genannten Kreisbogen gehörige Kreissektor ganz in dem rechtwinkligen Dreieck mit den Ecken (0, 0), (1, 0) und (1, $\tan x$) enthalten. Somit ist der Flächeninhalt des Kreissektors, also $\pi \cdot x/(2\pi) = x/2$, kleiner oder gleich dem Flächeninhalt dieses Dreickes, also $\tan x/2$, d. h., es gilt

$$x \leqq \tan x.$$

Behauptung. *Die Funktion*

$$\sin\colon [0, \pi/2] \to \mathbb{R}, x \mapsto \sin x$$

hat die Integralfunktion

$$-\cos\colon [0, \pi/2] \to \mathbb{R}, x \mapsto -\cos x,$$

und die Funktion

$$\cos\colon [0, \pi/2] \to \mathbb{R}, x \mapsto \cos x$$

hat die Integralfunktion

$$\sin\colon [0, \pi/2] \to \mathbb{R}, x \mapsto \sin x.$$

Der folgende *Beweis* beschränkt sich darauf, die zweite Aussage zu zeigen; der Nachweis der ersten Aussage verläuft analog:

Für $\alpha, \beta \in [0, \pi/2]$ mit $\alpha < \beta$ beliebig folgt aus dem Additionstheorem für die Sinusfunktion

$$\sin \beta - \sin \alpha = 2 \cdot \cos \frac{\beta + \alpha}{2} \cdot \sin \frac{\beta - \alpha}{2},$$

also

$$\frac{\sin \beta - \sin \alpha}{\beta - \alpha} = \frac{\sin \frac{\beta-\alpha}{2}}{\frac{\beta-\alpha}{2}} \cdot \cos \frac{\beta + \alpha}{2} = \frac{\sin x}{x} \cdot \cos \frac{\beta + \alpha}{2}$$

mit $x := \frac{1}{2}(\beta - \alpha)$.

Wegen $\alpha, \beta \in [0, \pi/2]$ mit $\alpha < \beta$ gilt dabei $x \in [0, \pi/2]$ und daher aufgrund der obigen Abschätzungen $0 < \sin x \leqq x \leqq \tan x$. Hieraus folgt

2.3 Integration der Sinus- und der Cosinusfunktion

$$\cos x = \frac{\sin x}{\tan x} \leq \frac{\sin x}{x} \leq 1.$$

Da die Cosinusfunktion auf dem Intervall $[0, \pi/2]$ monoton fällt, also $\cos \frac{\beta+\alpha}{2} \leq \cos \alpha$ gilt, folgt daraus zum einen

$$\frac{\sin \beta - \sin \alpha}{\beta - \alpha} = \frac{\sin x}{x} \cdot \cos \frac{\beta + \alpha}{2} \leq 1 \cdot \cos \frac{\beta + \alpha}{2} \leq 1 \cdot \cos \alpha = \cos \alpha.$$

Zum anderen ergibt sich daraus

$$\frac{\sin \beta - \sin \alpha}{\beta - \alpha} = \frac{\sin x}{x} \cdot \cos \frac{\beta + \alpha}{2} \geq \cos x \cdot \cos \frac{\beta + \alpha}{2} = \cos \frac{\beta - \alpha}{2} \cdot \cos \frac{\beta + \alpha}{2}$$
$$> \cos \frac{\beta - \alpha}{2} \cdot \cos \frac{\beta + \alpha}{2} - \sin \frac{\beta - \alpha}{2} \cdot \sin \frac{\beta + \alpha}{2} = \cos \beta,$$

wobei beim letzten Gleichheitszeichen das Additionstheorem für die Cosinusfunktion verwendet wurde.

Mithin ist stets
$$\frac{\sin \beta - \sin \alpha}{\beta - \alpha} \in [\cos \beta, \cos \alpha]$$

und damit die Behauptung bewiesen aufgrund der Charakterisierung von Integralfunktionen in Abschn. 1.4. □

Kommentare aus der Sicht der Universitäts- und der Schulmathematik 3

3.1 Existenz des Integrals

In Abschn. 1.1 wurde der Integralbegriff auf einen anschaulichen, nicht weiter hinterfragten Flächenbegriff zurückgeführt. Kann man die Vollständigkeit der reellen Zahlen unterstellen, so lassen sich die Überlegungen von Kap. 1 jedoch auch für einen formalen Beweis der Existenz des Riemann-Integrals einer monotonen Funktion verwenden:

Es sei wieder der Fall einer monoton wachsenden Funktion $f : [a, b] \to \mathbb{R}$ betrachtet. Zu einem beliebig gegebenem $\varepsilon > 0$ wähle man eine Unterteilung $a = x_0 < x_1 < \ldots < x_{n-1} < x_n = b$ des Intervalls $[a, b]$ so fein, dass gilt

$$\left(f(b) - f(a)\right) \cdot \max_{1 \leq j \leq n} (x_j - x_{j-1}) < \varepsilon.$$

(Dabei *kann* die Unterteilung äquidistant sein, *muss* es aber nicht.)

Setzt man zum einen $y_j := f(x_j)$ für $j \in \{1, \ldots, n\}$, so ist $y_j \geq f(x)$ für alle $x \in [x_{j-1}, x_j]$ und daher

$$\sum_{j=1}^{n} y_i \cdot (x_i - x_{i-1})$$

eine Obersumme des gesuchten Integrals.

Setzt man zum anderen $z_j := f(x_{j-1})$ für $j \in \{1, \ldots, n\}$, so ist $z_j \leq f(x)$ für alle $x \in [x_{j-1}, x_j]$ und daher

$$\sum_{j=1}^{n} z_j \cdot (x_i - x_{i-1})$$

eine Untersumme des gesuchten Integrals.
Wie im Beweis des Satzes in Abschn. 1.3 sieht man dann ein, dass sich die Obersumme und die Untersumme um höchstens

$$\bigl(f(b) - f(a)\bigr) \cdot \max_{1 \leq j \leq n} (x_j - x_{j-1})$$

unterscheiden, also nach Wahl der Unterteilung $a = x_0 < x_1 < \ldots < x_{n-1} < x_n = b$ um weniger als das beliebig vorgegebene ε.

3.2 Additivität des Integrals bezüglich des Integranden

Eine zentrale Aussage für die Algorithmisierung der Integralrechnung ist die Additivität des Integrals bezüglich des Integranden, also die Aussage

$$\int_a^b \bigl(f(x) + g(x)\bigr)\,dx = \int_a^b f(x)\,dx + \int_a^b g(x)\,dx.$$

Diese kann wieder geometrisch-anschaulich plausibel gemacht werden. Sie lässt sich aber ebenfalls mit den bereits zur Verfügung gestellten Mitteln nachweisen:

Sind beide Funktionen $f\colon [a,b] \to \mathbb{R}$ und $g\colon [a,b] \to \mathbb{R}$ monoton wachsend oder beide monoton fallend, und damit auch die Funktion $f + g$, so ergibt sich die Additivität des Integrals direkt aus dem Satz aus Abschn. 1.3, indem man diesen jeweils auf die Funktionen f, g und $f + g$ anwendet und die Werte y_j für $f + g$ durch Addition der entsprechenden Werte für f und g gewinnt.

Ist jedoch zum Beispiel die Funktion f monoton wachsend und die Funktion g monoton fallend, so muss man wie im vorigen Unterabschnitt 3.1 Ober- und Untersummen verwenden und ausnutzen, dass auf jedem Intervall $[x_{i-1}, x_i] \subset [a,b]$ gilt

$$f(x_{i-1}) + g(x_i) \leq f(x) + g(x) \leq f(x_i) + g(x_{i-1})$$

für alle $x \in [x_{i-1}, x_i]$.

3.3 Integration stetiger Funktionen versus Beschränkung auf stückweise monotone Funktionen

Für den unterrichtlichen Zugang zu Integralen gibt es zahlreiche Möglichkeiten, welche sich auf deren Aspekte und Grundvorstellungen beziehen, siehe etwa [9, 5.4] für allgemeine Betrachtungen oder [8] als Beispiel für die Nutzung einer digitalen Lernumgebung. Unabhängig von dem konkret gewählten Zugang führt dieser allerdings in der Regel zu einem theoretischen Konzept, in dem die zu integrierenden Funktionen als stetig vorausgesetzt werden, etwa [9, 5.1.2, insb. S. 226], [8, S. 312–313].

Der wichtigste Grund für die Wahl *stetiger* Integranden ist die Gültigkeit des Hauptsatzes der Differential- und Integralrechnung für diese Funktionenklasse, durch welchen die Integralberechnung algorithmisiert und auf eine Umkehrung der Differentialrechnung reduziert werden kann. (Dies führt allerdings häufig zu der Ansicht, dass es bei der Integralrechnung nur darum ginge, Funktionen „aufzuleiten".) Zudem ist das Konzept der Stetigkeit anschlussfähig für ein nachfolgendes Fachstudium der Mathematik, beispielsweise, da man es leicht von einer auf mehrere Veränderliche verallgemeinern kann.

Die Entscheidung für stetige Integranden fordert jedoch ihren Preis: Will man für diese auch nur die (Riemann-)Integrierbarkeit zeigen, so muss man beweisen, dass aus der Stetigkeit auf endlichen abgeschlossenen Intervallen bereits die gleichmäßige Stetigkeit folgt. Dies läuft zum einen auf die Vertauschung zweier Quantoren in der Definition der Stetigkeit hinaus, ist also technisch anspruchsvoll. Zum anderen benötigt der Beweis die Existenz einer Zahl innerhalb des Integrationsintervalls, die eine bestimmte Eigenschaft erfüllt, was auf Fragen der Definition der reellen Zahlen führt.

Die genannten Überlegungen lassen sich im Detail nur auf der Basis eines formalen, „epsilontisch" definierten Grenzwertbegriffs nachvollziehen. Solch einen im Schulunterricht zu verwenden, bereitet auf ein fachwissenschaftliches Studium der Mathematik vor. Allerdings wird sich für die weitaus meisten Schülerinnen und Schüler in ihrem späteren Leben kein derartiges Studium anschließen; selbst in Veranstaltungen zur Analysis, die in Rahmen anderer Studiengänge wie Informatik, Physik oder Wirtschaftswissenschaften angeboten werden, wird auf die „Epsilontik" häufig verzichtet.

Demgemäß tritt in den von der Kultusministerkonferenz verabschiedeten Bildungsstandards im Fach Mathematik für die Allgemeine Hochschulreife [15] der Begriff „stetige Funktionen" gar nicht auf, so dass sich die obigen Überlegungen zur Integrationstheorie auf eine Funktionenklasse beziehen, deren Behandlung formal gesehen im Schulunterricht gar nicht vorgesehen ist. Stattdessen legen die Bildungsstandards fest [15, 2.2, S. 18]:

> „Die Schülerinnen und Schüler können [...] Grenzwerte auf der Grundlage eines propädeutischen Grenzwertbegriffs insbesondere bei der Bestimmung von Ableitung und Integral nutzen".

Dabei wird allerdings nicht spezifiziert, was unter einem „propädeutischen Grenzwertbegriff[]" zu verstehen ist.

Als Konsequenz hieraus finden sich in der aktuellen mathematikdidaktischen Literatur zahlreiche aus Schulsicht teilweise neuartige Ansätze, um den Einsatz eines formalen Grenzwertkonzeptes weitgehend zurückzudrängen; so werden in [11] und [12] Ableitung und Integral von Basisfunktionen durch Verwendung geometrischer Transformationen bestimmt. Von einigen Autoren wird auch die Verwendung hyperreeller (d. h., Nichtstandard-) Zahlen vorgeschlagen [2, 3, 19].

Der in den Kap. 1 und 2 dargestellte Zugang verwendet hingegen nur in dem Beweis der Charakterisierung der Integralfunktionen monotoner Funktionen in Abschn. 1.4 einen Grenzwertprozess, welcher zudem nur der Bequemlichkeit halber unter Verwendung des Symbols „ε" formuliert wurde. Die Existenz des Integrals benötigt zwar im Prinzip die Vollständigkeit der reellen Zahlen, vgl. Abschn. 3.1, durch die Rückführung auf den Flächenbegriff bei der Einführung des Integrals, vgl. Abschn. 1.1, lässt sich dieses Problem aber zumindest bei der ersten Behandlung des Integralbegriffs umgehen.

Fachmathematisch lässt sich die genannte Vereinfachung dadurch verstehen, dass die Klasse der stückweise monotonen Funktionen zu ihrer Behandlung deutlich weniger an Grundlagen über die reellen Zahlen benötigt als die der stetigen Funktionen: Während zum Nachweis der Existenz von Minimum bzw. Maximum von stetigen Funktionen auf endlichen abschlossenen Intervallen der Satz von Bolzano-Weierstraß bzw. das Supremums- bzw. Infimumsprinzip investiert werden muss, lassen sich selbst bei einer stückweise monotonen Funktion $f : [a, b] \to \mathbb{R}$ Minimum und Maximum problemlos unter den endlich vielen Funktionswerten $f(a) = f(\xi_0), f(\xi_1) \ldots, f(\xi_{m-1}), f(\xi_m) = f(b)$ auffinden, die an den Enden der Teilintervalle angenommen werden, auf denen die Funktion monoton ist.

Weiterhin ist der Funktionstyp der stückweise monotonen Funktionen nicht nur anschaulich gut zu beschreiben, sondern auch einfach exakt zu definieren, etwa im Vergleich zu den stetigen Funktionen. Dennoch ist die Klasse der stückweise monotonen Funktionen in dem Sinne „anschlussfähig", dass sie auch in einem Fachstudium der Mathematik als Objekt eigenen Rechts auftritt.

3.3 Integration stetiger Funktionen

Überdies sind die stückweise monotonen Funktionen so verbreitet, dass Hermann Hankel (1839–1873) noch 1870 in [10, § 3] darauf hinweisen musste, dass es sich bei dieser Eigenschaft nicht um den Regelfall handelt; man vergleiche auch [2, S. 14, Fußnote 13]. Die auf ganz $\mathbb{R}$ stetige Funktion $x \mapsto x \cdot \sin(1/x)$ ist allerdings zugegebenermaßen ein mit im Schulunterricht zur Verfügung stehenden Mitteln angebbares Beispiel einer auf ganz $\mathbb{R}$ stetigen, aber *nicht* stückweise monotonen Funktion.

Zu guter Letzt sei noch angemerkt, dass der Ausgangspunkt der Überlegungen im Abschn. 1.1 zwar die Grundvorstellung eines Integrals als (orientierter) Flächeninhalt gewesen ist. Die Bemerkung in Abschn. 1.3 lässt sich aber nicht nur aus dieser Grundvorstellung herleiten, sondern ebenso leicht aus der Grundvorstellung des Integrals als „(re-)konstruierte[r] Bestand" [15, 2.2, S. 20], vgl. [9, 5.3.5], oder auch aus der Mittelwertgrundvorstellung, vgl. [9, 5.3.6].

Das Manuskript von Leibniz aus dem Jahre 1676 über Infinitesimalrechnung

4

Im Jahr 1676, ganz zu Anfang seiner Beschäftigung mit der Infinitesimalrechnung, verfasste Gottfried Wilhelm Leibniz auf Latein das Manuskript *De quadratura arithmetica circuli ellipseos et hyperbolae cujus corollarium est trigonometria sine tabulis* [16, 18]. In diesem längsten Text, den er je über Infinitesimalrechnung geschrieben hat, behandelte er nicht nur die Kreisquadratur, sondern bestimmte auch mit einem einheitlichen Ansatz der Infinitesimalrechnung Inhalte von Flächen, die von Kegelschnitten und verwandten Kurven begrenzt werden. Zudem diskutierte er darin als Anwendung die Reihenentwicklung trigonometrischer Funktionen.

4.1 Die Vorgeschichte des Manuskriptes

Leibniz war im März 1672 als Diplomat in Diensten des Erzbischofs und Kurfürsten von Mainz nach Paris gekommen und dort unter anderem durch Christiaan Huygens (1629–1695) in Kontakt mit der damals aktuellsten Entwicklung der Mathematik geraten, die zur Infinitesimalrechnung führen sollte:

Bereits in der Antike waren mittels der auf Eudoxos (1. Hälfte des 4. Jhrds. v. Chr.) zurückgehenden und im Buch XII der „Elemente" von Euklid (um 300 v. Chr.) niedergelegten Exhaustionsmethode Flächeninhalte und Volumina auf einem Wege bestimmt worden, den man heutzutage der Integralrechnung zurechnet. So leitete Archimedes (um 287–212 v. Chr.) die Quadratur der Parabel und systematische Näherungsverfahren für die Kreiszahl π her. „Quadratur" bezeichnete dabei ursprünglich die Verwandlung eines gegebenen Flächenstücks in ein flächengleiches Quadrat. In der ersten Hälfte des 17. Jahrhunderts hatte sich das Verständnis derartiger Probleme in so weit „arithmetisiert", dass man darunter verstand, den

© Springer Fachmedien Wiesbaden GmbH, ein Teil von Springer Nature 2025
P. Ullrich, *Integralrechnung frei nach Leibniz*, essentials,
https://doi.org/10.1007/978-3-658-32077-5_4

gesuchten Inhalt der gegebenen Fläche mittels bekannter Zahlen auszudrücken oder doch zumindest hinreichend genau anzunähern.

So hatten, unabhängig voneinander, Bonaventura Cavalieri (1598–1647), Gilles Personne de Roberval (1602–1675), Pierre de Fermat (1601/07–1665) und John Wallis (1616–1703) bis 1640 den Wert des Flächeninhalts unter dem Graphen des Monoms $x \mapsto x^n$ bestimmt im Falle $n \neq -1$. Den Spezialfall $n = -1$, also die „Quadratur der Hyperbel" $x \mapsto x^{-1}$ behandelte als erster Gregorio a Santo Vincento (1585–1669) erfolgreich, indem er 1647 nachwies, dass der von dem x-Wert 1 ab gerechnete Flächeninhalt unter der Hyperbel sich in Abhängigkeit von der anderen Grenze so verhält wie ein Logarithmus.

Leibniz selbst hatte zu dieser Sammlung von Resultaten 1673 beigetragen, als er, aufbauend auf Ergebnissen von Nicolaus Mercator (um 1620–1687) zur logarithmischen Reihe, die Kreisquadratur dadurch löste, dass er nachwies, dass sich der Flächeninhalt eines Viertels des Einheitskreises durch die alternierende Summe der Stammbrüche mit ungeradem Nenner annähern lässt:

$$\frac{\pi}{4} = 1 - \frac{1}{3} + \frac{1}{5} - \frac{1}{7} + \frac{1}{9} - \frac{1}{11} \pm \cdots.$$

4.2 Zum Inhalt des Manuskriptes

Die Besonderheit des Manuskriptes von Leibniz aus dem Jahr 1676 ist, dass er nicht nur die Ergebnisse der Flächenbestimmungen herleitet, sondern eine durchgehende Theorie der Integralrechnung liefert. Deren Unterbau ist allerdings nicht, wie man vielleicht erwarten würde, der Hauptsatz der Differential- und Integralrechnung (zumindest nicht in voller Allgemeinheit). Stattdessen beweist Leibniz zunächst einige Vorüberlegungen zur Verwandlung von Dreiecken in Rechtecke [18, Erster Satz, S. 3–7] und zur Abschätzung von Größen [18, Sätze II.–V., S. 9–17].

Das grundlegende Resultat ist dann Satz VI. [18, S. 19–31]. Leibniz entschuldigt sich beim Leser gleich an zwei Stellen für dessen technische Komplexität und rät sogar, diesen beim ersten Lesen zu übergehen [18, S. 3 bzw. 19]. Übersetzt man jedoch die damalige in die moderne Notation und beschränkt sich zudem auf den Fall, dass die im Original betrachtete Kurve der Graph einer Funktion ist, so besteht der Kern des Beweises gerade in den Ergebnissen, die hier in Abschn. 1.3 präsentiert wurden, vgl. etwa [18, S. 25, 27].

In der von Otto Hamborg übersetzten Formulierung von Leibniz besagt sein Resultat dabei, dass [18, S. 19, 21]

4.2 Zum Inhalt des Manuskriptes

„die geradlinige treppenförmige Fläche [die aus den Rechtecken gebildet wird] sich von der vierlinigen Fläche [deren Inhalt durch das Integral gegeben ist] um eine Quantität unterscheidet, die kleiner ist als eine beliebige gegebene."

Die Voraussetzungen für die Gültigkeit seines Ergebnisses hat Leibniz dabei präzise notiert [18, S. 21]:

„Es ist aber erforderlich, dass die Kurven oder wenigstens die Teile, in die sie zerschnitten sind, zu denselben Seiten hin gewölbt sind und keine Reversionspunkte haben."

Hierbei sind „Reversionspunkte" die lokalen Extrema der Funktion [18, S. 21, 23].

Leibniz war also klar, dass das von ihm gefundene Resultat für alle Funktionen gilt, deren Definitionsbereich sich in endlich viele Abschnitte zerlegen lässt, über denen die Funktion monoton ist.

Der Ehrlichkeit halber sei angemerkt, dass Leibniz zusätzlich unterstellt, dass sich die von ihm betrachteten Funktionen umkehren lassen.[1] Damit sind sie automatisch *stetig*, ohne dass er diese Eigenschaft in seiner Argumentation verwendet.[2]

Aufgrund verschiedener Umstände, etwa des Wechsels von Leibniz aus kurmainzer in hannoversche Dienste, blieb das Manuskript über drei Jahrhunderte lang unveröffentlicht und wurde erst 1934 teilweise, 1993 vollständig auf Latein [16] und 2004 in französischer Übersetzung publiziert. Erst seit 2016 liegt eine vollständige deutsche Übersetzung [18] im Druck vor. (Vgl. auch [18, S. 280].)

Leibniz' eigene Einschätzung seines Textes aus einer gewissen zeitlichen Distanz findet sich in seinem Brief an Johann Bernoulli (1667–1748) vom 22. August 1698 [17, S. 886], Übersetzung ins Deutsche nach [18, S. 280]:

„Meine Abhandlung über die arithmetische Quadratur hätte damals Beifall finden können, als sie geschrieben wurde. Jetzt würde sie mehr Anfängern in unseren Methoden gefallen als dir."

Eine detailliertere Analyse des Leibnizschen Manuskriptes mit einer mathematikhistorischen Einordnung findet man im Nachwort von [18] sowie in dem Artikel [14], vgl. auch [20, 21].

---

[1] Diesen Hinweis verdanke ich Herrn Otto Hamborg, Berlin.
[2] Die Behauptung in [4, S. 144, 145], Leibniz habe für seinen Beweis sogar die gleichmäßige Stetigkeit der zu integrierenden Funktion benötigt, ist hingegen ein Versehen, das offenbar auf einer Verwechselung der x- und der y-Achse beruht, die bei Leibniz anderes angeordnet sind als heutzutage.

4.3 Adaption des Leibnizschen Transmutationssatzes

In seinem Text [18] verwendet Leibniz zur Berechnung konkreter Integrale allerdings nicht die Charakterisierung von Integralfunktionen monotoner Funktionen aus Abschn. 1.4, sondern stattdessen den von ihm so genannten „Transmutationssatz" (Satz VII. in [16, 18]), mit dessen Hilfe er die Integrale aller Monome $x \mapsto x^n$ bestimmen konnte, wobei er allerdings auf die, von Michelangelo Ricci (1619–1682) übernommene, Kenntnis der Ableitungen der genannten Monome zurückgreifen musste.

Den Transmutationssatz kann man als einen Spezialfall der partiellen Integration auffassen, nämlich, dass die eine Funktion gleich der Identität und die andere eine differenzierbare Funktion ist, vgl. auch [20, Abschn. 6.1]. Im Rahmen der hier vorgestellten Theorie der Integralrechnung besagt er:

Transmutationssatz. *Seien $a, b \in \mathbb{R}$ mit $0 \leq a \leq b$. Sei $f : [a, b] \to \mathbb{R}$ eine monoton wachsende Funktion, welche nur nicht-negative Werte annimmt, und $F : [a, b] \to \mathbb{R}$ eine Integralfunktion von f.*
Dann ist

$$[a, b] \to \mathbb{R}, x \mapsto x \cdot F(x)$$

eine Integralfunktion der Funktion

$$[a, b] \to \mathbb{R}, x \mapsto x \cdot f(x) + F(x).$$

Der *Beweis* ergibt sich aus den Ergebnissen von Kap. 1 ohne jedes weitere infinitesimale Argument, wird hier aber ausgelassen, da in Abschn. 5.4 die Regel der partiellen Integration allgemein bewiesen wird.

Ausgeführt wird jedoch, wie man, ähnlich wie Leibniz es auch getan hat, mittels des Transmutationssatzes Integralfunktionen für die Monome $x \mapsto x^n$ für natürliche Exponenten n per vollständiger Induktion bestimmen kann, ohne die Integralfunktionen zuvor erraten zu müssen, wie es in Abschn. 2.1 geschehen ist:

Offensichtlich ist $x \mapsto x = x^1$ auf $\mathbb{R}_{\geq 0}$ eine Integralfunktion zu der konstanten Funktion $x \mapsto 1 = x^0$.

Aufgrund des Transmutationssatzes mit $f(x) = 1$ und $F(x) = x$ ist somit $x \mapsto x \cdot x = x^2$ auf $\mathbb{R}_{\geq 0}$ eine Integralfunktion zu $x \mapsto x \cdot 1 + x = 2x$, also $x \mapsto \frac{1}{2}x^2$ auf $\mathbb{R}_{\geq 0}$ eine Integralfunktion zu $x \mapsto x = x^1$.

Allgemein liefert der Transmutationssatz: Ist $x \mapsto \frac{1}{n}x^n$ auf $\mathbb{R}_{\geq 0}$ eine Integralfunktion von $x \mapsto x^{n-1}$, so ist

4.3 Adaption des Leibnizschen Transmutationssatzes

$$x \mapsto x \cdot \tfrac{1}{n}x^n = \tfrac{1}{n}x^{n+1}$$

auf $\mathbb{R}_{\geq 0}$ eine Integralfunktion zu

$$x \mapsto x \cdot x^{n-1} + \tfrac{1}{n}x^n = \tfrac{n+1}{n}x^n,$$

also $x \mapsto \tfrac{1}{n+1}x^{n+1}$ auf $\mathbb{R}_{\geq 0}$ eine Integralfunktion zu $x \mapsto x^n$.
Vollständige Induktion nach n liefert somit, dass für $n \in \mathbb{N}_0$ beliebig das Monom

$$x \mapsto x^n$$

auf $\mathbb{R}_{\geq 0}$ die Integralfunktion

$$x \mapsto \tfrac{1}{n+1}x^{n+1}$$

besitzt.

Weitere Bestimmungen von Integralfunktionen und Rechenregeln für die Integration

5.1 Integration von Monomen mit ganzzahligen Exponenten kleinergleich -2

Für Integralfunktionen der Monome $x \mapsto x^n$ mit $n \in \mathbb{Z}$ und $n \leq -2$ gilt nicht nur die in Abschn. 2.1 beweisene Aussage über Monome mit natürlichen Exponenten analog, sondern man kann auch den Beweis fast wörtlich übertragen:

Behauptung *Für $n \in \mathbb{Z}$ mit $n \leq -2$ beliebig besitzt das Monom*

$$f: \mathbb{R}_{>0} \to \mathbb{R}, x \mapsto x^n$$

die Integralfunktion

$$F: \mathbb{R}_{>0} \to \mathbb{R}, x \mapsto \tfrac{1}{n+1} x^{n+1}.$$

Beweis Wegen $n \in \mathbb{Z}$ mit $n \leq -2$ ist das Monom $x \mapsto x^n$ monoton fallend und für $m := -(n+1)$ gilt $m \geq 1$.

Sind dann $\alpha, \beta \in \mathbb{R}$ mit $0 < \alpha < \beta$ beliebig, so liefert die endliche geometrische Reihe für den Exponenten m, dass gilt

$$\frac{\beta^m - \alpha^m}{\beta - \alpha} = \beta^{m-1} + \beta^{m-2}\alpha + \cdots + \beta\alpha^{m-2} + \alpha^{m-1} \in \left[m \cdot \alpha^{m-1}, m \cdot \beta^{m-1}\right].$$

Durch Multiplikation mit $0 < \frac{1}{m} \cdot \alpha^{-m} \cdot \beta^{-m} = -\frac{1}{n+1} \cdot \alpha^{n+1} \cdot \beta^{n+1}$ ergibt sich hieraus:

$$\frac{F(\beta) - F(\alpha)}{\beta - \alpha} = \frac{\frac{1}{n+1}\beta^{n+1} - \frac{1}{n+1}\alpha^{n+1}}{\beta - \alpha} = \frac{1}{m} \cdot \alpha^{-m} \cdot \beta^{-m} \cdot \frac{\beta^m - \alpha^m}{\beta - \alpha}$$
$$\in \left[\alpha^{-1} \cdot \beta^{n+1}, \beta^{-1} \cdot \alpha^{n+1}\right] \subset \left[\beta^n, \alpha^n\right] = [f(\beta), f(\alpha)],$$

wobei die Inklusion wegen $0 < \alpha < \beta$, also $\alpha^{-1} \cdot \beta > 1$ und $\beta^{-1} \cdot \alpha < 1$ gilt.

Aufgrund der Charakterisierung von Integralfunktionen in Abschn. 1.4 ist somit in der Tat F eine Integralfunktion zu f. □

Unter den Monomen $x \mapsto x^n$ mit ganzzahligen Exponenten n fehlt somit nur noch der Fall $n = -1$. Leibniz griff dazu in seinem Text [18, S. 75, S. 217] auf die bereits 1647 von Gregorio a Santo Vincento (1585–1669) gemachte Feststellung zurück, dass, in moderner Formelnotation,

$$\int_1^{ab} x^{-1}\,dx = \int_1^a x^{-1}\,dx + \int_a^{ab} x^{-1}\,dx = \int_1^a x^{-1}\,dx + \int_1^b x^{-1}\,dx$$

ist, die Integralfunktion $\int_1^a x^{-1}\,dx$ von $x \mapsto x^{-1}$ also die Funktionalgleichung des Logarithmus erfüllt, vgl. auch [14, S. 251–253] und [18, S. 288].

Diese Vorgehensweise erfordert in moderner Sichtweise jedoch Stetigkeitsargumente. Daher wird in Unterabschnitt 5.6 eine Integralfunktion von $x \mapsto x^{-1}$ auf andere Weise hergeleitet, welche ganz innerhalb der gegenwärtig präsentierten Theorie verläuft.

5.2 Zusammenhang der Integralwerte von Funktion und Umkehrfunktion

Unter anderem, um nach den Potenzen $x \mapsto x^n$ auch Wurzeln $x \mapsto x^{1/n}$ zu behandeln, lässt sich folgendes Resultat verwenden, das nur auf einer Flächenzerlegung beruht.

5.2 Zusammenhang der Integralwerte von Funktion und Umkehrfunktion

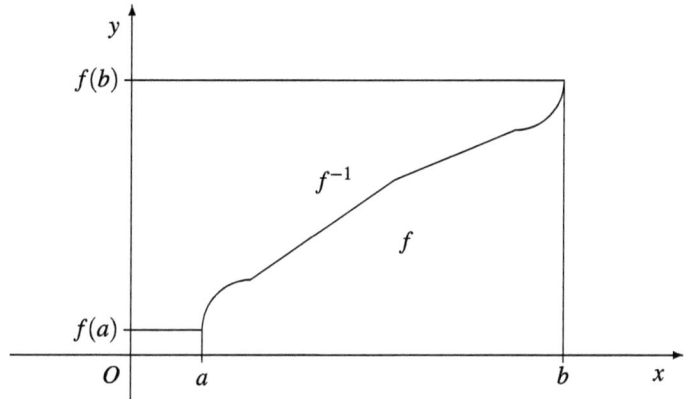

Lemma. *Seien $a, b \in \mathbb{R}$ mit $0 \leq a < b$. Sei $f \colon [a, b] \to [f(a), f(b)]$ eine monoton wachsende und bijektive Funktion (also sogar streng monoton wachsend) mit der Umkehrfunktion $f^{-1} \colon [f(a), f(b)] \to [a, b]$. Dann gilt*

$$\int_a^b f(x)\,dx + \int_{f(a)}^{f(b)} f^{-1}(y)\,dy = b \cdot f(b) - a \cdot f(a).$$

Beweis Aufgrund der Voraussetzungen lässt sich die Fläche des Rechtecks mit den Eckpunkten $O = (0, 0)$, $(b, 0)$, $\bigl(b, f(b)\bigr)$ und $\bigl(0, f(b)\bigr)$ im (x, y)-Koordinatensystem vollständig und überlappungsfrei zerlegen in

- die Fläche zum Integral
$$\int_a^b f(x)\,dx,$$
- die Fläche zum Integral
$$\int_{f(a)}^{f(b)} f^{-1}(y)\,dy$$
und
- die Fläche des Rechtecks mit den Eckpunkten O, $(a, 0)$, $\bigl(a, f(a)\bigr)$ und $\bigl(0, f(a)\bigr)$.

Übersetzt man diese Flächenzerlegung in algebraische Terme, so ergibt sich nach der Subtraktion von $a \cdot f(a)$ die Behauptung des Lemmas. □

5.3 Integration von Wurzeln

Für eine natürliche Zahl $n \geq 1$ setze man $f(x) := x^n$. Dann ist $\mathbb{R}_{>0} \to \mathbb{R}_{>0}, y \mapsto y^{1/n}$ die Umkehrfunktion von $f : \mathbb{R}_{>0} \to \mathbb{R}_{>0}$. Mit $a, b \in \mathbb{R}_{>0}, a < b$ beliebig folgt somit aus dem obigen Lemma unter Verwendung des Ergebnisses von Abschn. 2.1, dass

$$b^{n+1} - a^{n+1} = b \cdot f(b) - a \cdot f(a) = \int_a^b f(x)\,dx + \int_{f(a)}^{f(b)} f^{-1}(y)\,dy$$

$$= \int_a^b x^n\,dx + \int_{a^n}^{b^n} y^{1/n}\,dy = \tfrac{1}{n+1}\left(b^{n+1} - a^{n+1}\right) + \int_{a^n}^{b^n} y^{1/n}\,dy.$$

Also gilt

$$\int_{a^n}^{b^n} y^{1/n}\,dy = \left(1 - \tfrac{1}{n+1}\right)\left(b^{n+1} - a^{n+1}\right) = \tfrac{n}{n+1}\left(b^{n+1} - a^{n+1}\right)$$

und damit für $c := a^n, d := b^n$, dass

$$\int_c^d y^{1/n}\,dy = \tfrac{n}{n+1}\left(d^{\frac{n+1}{n}} - c^{\frac{n+1}{n}}\right) = \frac{1}{\tfrac{1}{n}+1} d^{\tfrac{1}{n}+1} - \frac{1}{\tfrac{1}{n}+1} c^{\tfrac{1}{n}+1}.$$

Insbesondere ist

$$F(y) = \frac{1}{\tfrac{1}{n}+1} y^{\tfrac{1}{n}+1}$$

eine Integralfunktion zu $\mathbb{R}_{>0} \to \mathbb{R}, y \mapsto y^{1/n}$.

5.4 Partielle Integration

Sowohl die Regel für die partielle Integration als auch die Substitutionsregel gelten in der hier entwickelten Theorie der Integration genau so wie in der wohlbekannten Theorie für stetige Integranden, wo sie mittels des Hauptsatzes der Differential- und Integralrechnung auf die entsprechenden Regeln der Differentialrechnung zurückgeführt werden.

Um jedoch die in Kap. 1 entwickelte Theorie anwenden zu können, müssen die Integranden (stückweise) monoton sein. Sowohl in diesem als auch im nächsten Abschnitt werden die auftretenden Funktionen Bedingungen unterworfen, die diese

5.4 Partielle Integration

Eigenschaft offensichtlich sicherstellen; sie erfassen allerdings nur einen kleinen Teil der Fälle, in denen die Aussagen jeweils gelten, lassen sich aber für die anderen Situationen leicht anpassen.

Partielle Integration. *Seien $f\colon [a, b] \to \mathbb{R}$ und $g\colon [a, b] \to \mathbb{R}$ monoton wachsende Funktionen, und $F\colon [a, b] \to \mathbb{R}$ bzw. $G\colon [a, b] \to \mathbb{R}$ eine Integralfunktion von f bzw. g. Weiterhin sei vorausgesetzt, dass f, F, g und G auf $[a, b]$ nur nicht-negative Werte annehmen. Dann ist $[a, b] \to \mathbb{R}, x \mapsto F(x) \cdot G(x)$ eine Integralfunktion der Funktion $[a, b] \to \mathbb{R}, x \mapsto F(x) \cdot g(x) + f(x) \cdot G(x)$; insbesondere gilt also*

$$\int_a^b F(x) \cdot g(x)\, dx = F(b) \cdot G(b) - F(a) \cdot G(a) - \int_a^b f(x) \cdot G(x)\, dx.$$

Beweis Seien $\alpha, \beta \in [a, b]$ beliebig mit $\alpha < \beta$. Da F eine Integralfunktion von f ist und G eine von g, gilt aufgrund der Charakterisierung von Integralfunktionen in Abschn. 1.4, dass

$$\frac{F(\beta) - F(\alpha)}{\beta - \alpha} \in [f(\alpha), f(\beta)] \quad \text{und} \quad \frac{G(\beta) - G(\alpha)}{\beta - \alpha} \in [g(\alpha), g(\beta)];$$

insbesondere sind F und G ebenfalls monoton wachsend, da f und g nur nicht-negative Werte annehmen. Da letzteres auch auf F und G zutrifft, ist damit auch die Funktion $[a, b] \to \mathbb{R}, x \mapsto F(x) \cdot g(x) + f(x) \cdot G(x)$ monoton wachsend.

Weiterhin gilt

$$\frac{F(\beta) \cdot G(\beta) - F(\alpha) \cdot G(\alpha)}{\beta - \alpha} = F(\beta) \cdot \frac{G(\beta) - G(\alpha)}{\beta - \alpha} + \frac{F(\beta) - F(\alpha)}{\beta - \alpha} \cdot G(\alpha).$$

Da $F(\beta) \geq F(\alpha) \geq 0$, $G(\alpha) \geq 0$, $0 \leq f(\alpha) \leq \frac{F(\beta)-F(\alpha)}{\beta-\alpha} \leq f(\beta)$ und $0 \leq g(\alpha) \leq \frac{G(\beta)-G(\alpha)}{\beta-\alpha} \leq g(\beta)$ gilt, ist dabei

$$F(\beta) \cdot \frac{G(\beta) - G(\alpha)}{\beta - \alpha} \in [F(\alpha) \cdot g(\alpha), F(\beta) \cdot g(\beta)]$$

und

$$\frac{F(\beta) - F(\alpha)}{\beta - \alpha} \cdot G(\alpha) \in [f(\alpha) \cdot G(\alpha), f(\beta) \cdot G(\beta)].$$

Durch Addition dieser beiden Beziehungen ist dann aufgrund der Charakterisierung von Integralfunktionen aus Abschn. 1.4 die Behauptung gezeigt. □

5.5 Substitutionsregel

Sei $G: [a,b] \to \mathbb{R}$ eine Integralfunktion der monoton wachsenden Funktion $g: [a,b] \to \mathbb{R}$, wobei g nur positive Werte annimmt und $G([a,b]) \subset [a_f, b_f]$ gilt mit $a_f, b_f \in \mathbb{R}$ und $a_f \leqq b_f$. Weiterhin sei $F: [a_f, b_f] \to \mathbb{R}$ eine Integralfunktion der monoton wachsenden Funktion $f: [a_f, b_f] \to \mathbb{R}$, wobei f nur nicht-negative Werte annimmt.

Dann ist $F \circ G$ eine Intergralfunktion der Funktion

$$[a,b] \to \mathbb{R}, x \mapsto f\big(G(x)\big) \cdot g(x);$$

insbesondere gilt also $\int_a^b f\big(G(x)\big) \cdot g(x)\, dx = F\big(G(b)\big) - F\big(G(a)\big).$

Beweis Seien $\alpha, \beta \in [a,b]$ beliebig mit $\alpha < \beta$. Da $G: [a,b] \to \mathbb{R}$ eine Integralfunktion von $g: [a,b] \to \mathbb{R}$ ist, gilt aufgrund der Charakterisierung von Integralfunktionen aus Abschn. 1.4, dass

$$\frac{G(\beta) - G(\alpha)}{\beta - \alpha} \in [g(\alpha), g(\beta)];$$

insbesondere ist G streng monoton wachsend, da g nur positive Werte annimmt. Somit ist $G(\alpha) < G(\beta)$, wobei laut Voraussetzung $G(\alpha), G(\beta) \in [a_f, b_f]$ gilt.

Da $F: [a_f, b_f] \to \mathbb{R}$ eine Integralfunktion von $f: [a_f, b_f] \to \mathbb{R}$ ist, gilt weiter aufgrund der Charakterisierung von Integralfunktionen aus Abschn. 1.4, dass

$$\frac{F\big(G(\beta)\big) - F\big(G(\alpha)\big)}{G(\beta) - G(\alpha)} \in \big[f\big(G(\alpha)\big), f\big(G(\beta)\big)\big];$$

insbesondere ist F monoton wachsend, da f nur nicht-negative Werte annimmt.

Es gilt

$$\frac{F\big(G(\beta)\big) - F\big(G(\alpha)\big)}{\beta - \alpha} = \frac{F\big(G(\beta)\big) - F\big(G(\alpha)\big)}{G(\beta) - G(\alpha)} \cdot \frac{G(\beta) - G(\alpha)}{\beta - \alpha},$$

wobei

$$\frac{F\big(G(\beta)\big) - F\big(G(\alpha)\big)}{G(\beta) - G(\alpha)} \in [f\big(G(\alpha)\big), f\big(G(\beta)\big)] \quad \text{und} \quad \frac{G(\beta) - G(\alpha)}{\beta - \alpha} \in [g(\alpha), g(\beta)]$$

ist. Da f und g nur nicht-negative Werte annehmen, gilt somit

$$\frac{F(G(\beta)) - F(G(\alpha))}{\beta - \alpha} = [f(G(\alpha)) \cdot g(\alpha), f(G(\beta)) \cdot g(\beta)].$$

Aufgrund der Charakterisierung von Integralfunktionen aus Abschn. 1.4 ist damit die Behauptung gezeigt, da aufgrund des monotonen Wachsens von f, G und g und der Nicht-Negativität von f und g auch die Funktion $[a, b] \to \mathbb{R}, x \mapsto f(G(x)) \cdot g(x)$ monoton wächst. □

5.6 Integration von $x \mapsto 1/x$

Neben der Substitutionsregel benötigt man nur noch die in Abschn. 2.2 bewiesene Aussage, dass $G \colon \mathbb{R} \to \mathbb{R}, y \mapsto \exp y$ eine Integralfunktion zu $g \colon \mathbb{R} \to \mathbb{R}, y \mapsto \exp y$ ist, um den bislang noch offenen Fall der Integration von $f \colon \mathbb{R}_{>0} \to \mathbb{R}, x \mapsto 1/x$ zu behandeln: Für deren spezielle Integralfunktion

$$F(x) = \int_1^x \frac{1}{t}\, dt,$$

ergibt sich aus der Substitutionsregel mit $a = 1$ und $b \in \mathbb{R}_{>0}$ beliebig, dass gilt

$$F(\exp b) = F(\exp b) - F(1) = F(\exp b) - F(\exp 0) = \int_0^b f(G(x)) \cdot g(x)\, dx$$

$$= \int_0^b (1/\exp(x)) \cdot \exp(x)\, dx = \int_0^b 1\, dx = b.$$

Da F als Integralfunktion der auf $\mathbb{R}_{>0}$ positiven Funktion $f(x) = 1/x$ injektiv ist, folgt hieraus, dass die Integralfunktion F von $x \mapsto 1/x$ mit $F(1) = 0$ die Umkehrfunktion zu exp ist, also definitionsgemäß der natürliche Logarithmus.

5.7 Integration von Monomen mit gebrochenen Exponenten

Bereits in Unterabschnitt 5.3 sind Integralfunktionen zu den n-ten Wurzeln für n eine natürliche Zahl bestimmt worden. Unabhängig von dieser Herleitung kann man analog wie eben durch ausschließliches Verwenden der Substitutionsregel und der

Ergebnisse von Abschn. 2.1 nachrechnen, dass ein Monom $f\colon \mathbb{R}_{>0} \to \mathbb{R},\, y \mapsto y^q$ mit q eine beliebige rationale Zahl mit $q \neq -1$ die Integalfunktion

$$F\colon \mathbb{R}_{>0} \to \mathbb{R},\, y \mapsto F(y) = \tfrac{1}{q+1} y^{q+1}$$

besitzt.

Analogie zum Hauptsatz der Differential- und Integralrechnung

6

Für die bisherigen Integralberechnungen hat die Charakterisierung der Integralfunktionen monotoner Funktionen in Abschn. 1.4 völlig ausgereicht; ein Rückgriff auf den üblichen Hauptsatz der Differential- und Integralrechnung war nicht erforderlich. Zu guter Letzt sollen jedoch die gefundenen Ergebnisse mit dem Hauptsatz verglichen werden.

Dieser besagt ja, dass eine Funktion $F: [a, b] \to \mathbb{R}$ genau dann die Integralfunktion einer gegebenen stetigen Funktion $f: [a, b] \to \mathbb{R}$ ist, also

$$\int_\alpha^\beta f(x)\, dx = F(\beta) - F(\alpha)$$

erfüllt für alle $\alpha, \beta \in [a, b]$, wenn F auf $[a, b]$ differenzierbar ist und an jeder Stelle $\gamma \in [a, b]$ der Funktionswert $f(\gamma)$ gleich der Steigung der Tangenten an den Graphen von F an jener Stelle ist.

Eine analoge Aussage wird im Folgenden für Integralfunktionen F einer monotonen Funktion f hergeleitet, wobei zugleich die algebraische Charakterisierung

$$\frac{F(\beta) - F(\alpha)}{\beta - \alpha} \in \big[f(\alpha), f(\beta)\big]$$

aus Abschn. 1.4 mit Hilfe des Begriffes der „Stützgeraden" in eine geometrische Sprache übersetzt wird. Ganz am Schluss wird noch der Unterschied zwischen der Situation einer stetigen und der einer monotonen Ausgangsfunktion f dargestellt.

6.1 Stützgeraden an Graphen von Funktionen

In diesem Abschnitt sei $F: [a, b] \to \mathbb{R}$ eine beliebige Funktion.

Definition. Eine Gerade mit der Steigung $m \in \mathbb{R}$ heißt **Stützgerade von unten an den Graphen von F an der Stelle γ**, wenn sie

- durch den Punkt $(\gamma, F(\gamma))$ geht, also als Funktion von x gegeben ist durch

$$x \mapsto m \cdot (x - \gamma) + F(\gamma),$$

- und auf $[a, b]$ nicht oberhalb des Graphen von F verläuft, also

$$F(x) \geqq m \cdot (x - \gamma) + F(\gamma)$$

für alle $x \in [a, b]$ erfüllt.

Der Begriff der **Stützgeraden von oben an den Graphen von F an der Stelle γ** wird analog definiert, wobei nur das Ungleichheitszeichen umzudrehen ist. Anders formuliert: Die Gerade mit der Steigung m ist genau dann eine Stützgerade von oben an den Graphen von F an der Stelle γ, wenn die Gerade mit der Steigung $-m$ eine Stützgerade von unten an den Graphen von $-F$ an der Stelle γ ist. Daher braucht im Folgenden nur der Fall von Stützgeraden *von unten* ausgeführt zu werden. (Dies entspricht der bislang zumeist praktizierten Einschränkung auf monoton *wachsende* gegenüber monoton fallenden Funktionen f.)

Ist durch

$$x \mapsto m \cdot (x - \gamma) + F(\gamma)$$

eine Stützgerade von unten an den Graphen von F an der Stelle $\gamma \in [a, b]$ gegeben, so gilt für alle $\alpha, \beta \in [a, b]$ mit $\alpha < \gamma < \beta$, dass

$$F(\alpha) - F(\gamma) \geqq m \cdot (\alpha - \gamma) \quad \text{und} \quad F(\beta) - F(\gamma) \geqq m \cdot (\beta - \gamma),$$

wegen $\alpha - \gamma < 0$ und $\beta - \gamma > 0$ also folgende Aussage über die zugehörigen Sekantensteigungen:

$$\frac{F(\alpha) - F(\gamma)}{\alpha - \gamma} \leqq m \leqq \frac{F(\beta) - F(\gamma)}{\beta - \gamma}.$$

Definition. In dieser Situation sagt man, dass m **die Sekantensteigungen links und rechts von γ voneinander trennt.**

Da die Ungleichung $F(x) \geqq m \cdot (x - \gamma) + F(\gamma)$ im Falle $x = \gamma$ stets erfüllt ist, ergibt sich aus der obigen Umformung die folgende

Bemerkung. *Für $\gamma \in [a, b]$ ist die Gerade mit der Steigung m durch den Punkt $(\gamma, F(\gamma))$ genau dann eine Stützgerade von unten an den Graphen von F an der Stelle γ, wenn m die Sekantensteigungen links und rechts von γ voneinander trennt.*

6.2 Anwendung auf Integralfunktionen monotoner Funktionen

Unter Verwendung der bislang eingeführten Begriffe erhält man folgendes Analogon zum vertrauten Hauptsatz der Differential- und Integralrechnung:

Satz. *Sei $f : [a, b] \to \mathbb{R}$ eine monoton wachsende Funktion. Dann ist die Funktion $F : [a, b] \to \mathbb{R}$ genau dann eine Integralfunktion von f, wenn für jedes γ mit $a \leqq \gamma \leqq b$ die durch*

$$x \mapsto f(\gamma) \cdot (x - \gamma) + F(\gamma)$$

gegebene Gerade eine Stützgerade von unten an den Graphen von F an der Stelle γ ist.

Im Falle einer monoton fallenden Funktion gilt die entsprechende Aussage mit Stützgeraden von oben anstelle solchen von unten.

Beweis. „$\Rightarrow$": Sei $F : [a, b] \to \mathbb{R}$ eine Integralfunktion von f und $\gamma \in [a, b]$ beliebig, aber fest. Es seien weiterhin $\alpha, \beta \in [a, b]$ beliebig mit $\alpha \leqq \gamma \leqq \beta$. Indem man die Bemerkung in Abschn. 1.3 zum einen auf das Intervall $[\alpha, \gamma]$ und zum anderen auf das Intervall $[\gamma, \beta]$ anwendet, folgt dann wegen $\alpha - \gamma < 0$ und $\beta - \gamma > 0$, dass gilt

$$F(\alpha) \geqq f(\gamma) \cdot (\alpha - \gamma) + F(\gamma) \quad \text{und} \quad F(\beta) \geqq f(\gamma) \cdot (\beta - \gamma) + F(\gamma).$$

Somit ist die Ungleichung $F(x) \geqq f(\gamma) \cdot (x - \gamma) + F(\gamma)$ für alle $x \in [a, b]$ erfüllt, also die durch $x \mapsto f(\gamma) \cdot (x - \gamma) + F(\gamma)$ gegebene Gerade eine Stützgerade von unten an den Graphen von F an der Stelle γ.

„$\Leftarrow$": Sei nun umgekehrt $F : [a, b] \to \mathbb{R}$ eine Funktion derart, dass für jedes $\gamma \in [a, b]$ die durch

$$x \mapsto f(\gamma) \cdot (x - \gamma) + F(\gamma)$$

gegebene Gerade eine Stützgerade von unten an den Graphen von F an der Stelle γ ist. Um mittels der Charakterisierung von Integralfunktionen monotoner Funktionen aus Abschn. 1.4 nachzuweisen, dass F dann eine Integralfunktion von f ist, seien $\alpha, \beta \in [a, b]$ mit $\alpha < \beta$ beliebig.

Aus der Voraussetzung über F erhält man für $\gamma := \alpha$ bzw. $\gamma := \beta$, dass gilt

$$F(\beta) \geqq f(\alpha) \cdot (\beta - \alpha) + F(\alpha) \quad \text{bzw.} \quad F(\alpha) \geqq f(\beta) \cdot (\alpha - \beta) + F(\beta),$$

wegen $\beta - \alpha > 0$ bzw. $\alpha - \beta < 0$ also

$$f(\alpha) \leqq \frac{F(\beta) - F(\alpha)}{\beta - \alpha} \quad \text{bzw.} \quad f(\beta) \geqq \frac{F(\beta) - F(\alpha)}{\beta - \alpha}.$$

Insgesamt ist damit

$$\frac{F(\beta) - F(\alpha)}{\beta - \alpha} \in \big[f(\alpha), f(\beta)\big]$$

gezeigt. □

Von der Struktur der Aussage her entspricht dieser Satz genau dem üblichen Hauptsatz der Differential- und Integralrechnung, wobei nur die Eigenschaft „stetig" für die Funktion f durch „monoton" zu ersetzen ist und der Geradentyp „Tangente" durch „Stützgerade". Beide Geradentypen liefern dabei Aussagen über den Verlauf des Graphen von F.

6.3 Konvexe bzw. konkave Funktionen und ihre Differenzierbarkeit

Zum Abschluss soll der Unterschied zwischen Differenzierbarkeit von F und der Existenz von Stützgeraden untersucht werden. Die dazu verwendeten Begriffe „konvex" und „konkav" ließen sich eigentlich mittels des Begriffs der „Stützgerade" umgehen; sie sind allerdings sowohl in der fachwissenschaftlichen Literatur eingeführt als auch in der fachdidaktischen Literatur hinsichtlich der Behandlung des Tangentenproblems im Mathematikunterricht, siehe etwa [1].

Definition. Seien $F: [a, b] \to \mathbb{R}$ eine Funktion und $\gamma \in [a, b]$. Dann heißt F **konvex an der Stelle γ**, wenn für alle $\alpha, \beta \in [a, b]$ mit $\alpha \leqq \gamma \leqq \beta$ und $\alpha < \beta$

6.3 Konvexe bzw. konkave Funktionen und ihre Differenzierbarkeit 41

der Punkt $(\gamma, F(\gamma))$ nicht oberhalb der Sekanten durch die Punkte $(\alpha, F(\alpha))$ und $(\beta, F(\beta))$ liegt.

Die Sekante durch die beiden genannten Punkte ist gegeben durch die lineare Funktion

$$x \mapsto \frac{F(\beta) - F(\alpha)}{\beta - \alpha}(x - \alpha) + F(\alpha) = \frac{(\beta - x)F(\alpha) + (x - \alpha)F(\beta)}{\beta - \alpha},$$

so dass die Bedingung für Konvexität gleichbedeutend ist mit der Aussage

$$(\beta - \alpha)F(\gamma) \leqq (\beta - \gamma)F(\alpha) + (\gamma - \alpha)F(\beta).$$

Man beachte, dass gemäß dieser Definition F automatisch in den Endpunkten a und b des Intervalls konvex ist: Für $\gamma = a$ muss auch $\alpha = a = \gamma$ gelten, so dass der Punkt $(a, F(a))$ auf jeder der hier in Frage kommenden Sekanten liegt. Analoges gilt im Falle $\gamma = b$. (Da es im vorliegenden Zusammenhang um Integrale geht, ist es sinnvoll, ein *abgeschlossenes* Intervall $[a, b]$ als Definitionsbereich von F zu Grunde zu legen.)

Definition. Seien $F: [a, b] \to \mathbb{R}$ eine Funktion und $\gamma \in [a, b]$. Dann heißt F **konkav an der Stelle γ**, wenn für alle $\alpha, \beta \in [a, b]$ mit $\alpha \leqq \gamma \leqq \beta$ und $\alpha < \beta$ der Punkt $(\gamma, F(\gamma))$ nicht unterhalb der Sekanten durch die Punkte $(\alpha, F(\alpha))$ und $(\beta, F(\beta))$ liegt.

Alle folgenden Überlegungen unterscheiden sich für konkave Funktionen von denjenigen für konvexe Funktionen nur dadurch, dass man die Ungleichungszeichen zwischen den Funktionswerten umdreht, bzw., anders formuliert, statt der Funktion F die Funktion $-F$ betrachtet: Ist zum Beispiel F konkav an der Stelle γ, so ist $-F$ konvex an dieser Stelle, und umgekehrt. Daher wird im Folgenden nur die Situation ausgeführt, dass *Konvexität* vorliegt.

Hilfssatz 1. *Seien $F: [a, b] \to \mathbb{R}$ eine Funktion und $\gamma \in [a, b]$.*
Dann ist F genau dann konvex an der Stelle γ, wenn für alle $\alpha, \beta \in [a, b]$ mit $\alpha < \gamma < \beta$ gilt

$$\frac{F(\alpha) - F(\gamma)}{\alpha - \gamma} \leqq \frac{F(\beta) - F(\gamma)}{\beta - \gamma},$$

d. h., die Steigung der Sekanten durch die Punkte $(\alpha, F(\alpha))$ und $(\gamma, F(\gamma))$ kleiner oder gleich der Steigung der Sekanten durch die Punkte $(\gamma, F(\gamma))$ und $(\beta, F(\beta))$ ist.

Beweis. Für $\alpha < \gamma < \beta$ gilt $\alpha - \gamma < 0$ und $\beta - \gamma > 0$. Somit ist die angegebene Ungleichung gleichbedeutend mit

$$\bigl(F(\alpha) - F(\gamma)\bigr) \cdot (\beta - \gamma) \geqq \bigl(F(\beta) - F(\gamma)\bigr) \cdot (\alpha - \gamma),$$

also
$$(\beta - \gamma)F(\alpha) - (\beta - \gamma)F(\gamma) \geqq (\gamma - \alpha)F(\gamma) - (\gamma - \alpha)F(\beta).$$

Dies wiederum ist äquivalent zu

$$(\beta - \gamma)F(\alpha) + (\gamma - \alpha)F(\beta) \geqq (\beta - \alpha)F(\gamma).$$

$\square$

Folgerung aus Hilfssatz 1. *Seien $F: [a, b] \to \mathbb{R}$ eine Funktion und $\gamma \in [a, b]$ mit $a < \gamma < b$. Falls es an der Stelle γ eine Stützgerade von unten an den Graphen von F gibt, ist F an der Stelle γ konvex.*

Beweis. Aufgrund der Bemerkung im Abschn. 6.1 bedeutet die Voraussetzung, dass man die Sekantensteigungen links und rechts von γ durch eine reelle Zahl voneinander trennen kann. Aus Hilfssatz 1 folgt dann die Behauptung. $\square$

Konvexe Funktionen brauchen nicht differenzierbar zu sein, wie das Beispiel der Betragsfunktion $x \mapsto |x|$ belegt: Diese ist konvex und besitzt an Stellen γ mit $\gamma < 0$ die Tangente $x \mapsto -x$ sowie an Stellen γ mit $\gamma > 0$ die Tangente $x \mapsto x$. Bei den Tangenten handelt es sich in dieser Situation zugleich um Stützgeraden von unten an den Graphen. Für $\gamma = 0$ hingegen existiert keine Tangente, wohl aber eine Stützgerade von unten. Genauer gesagt, ist für jedes $m \in \mathbb{R}$ mit $-1 \leqq m \leqq 1$ die durch $x \mapsto mx$ gegebene Gerade eine Stützgerade von unten an den Graphen der Betragsfunktion an der Stelle 0.

Das Beispiel der Betragsfunktion ist dabei prototypisch für Funktionen F, die auf dem gesamten Intervall $[a, b]$ mit $a < b$ konvex sind. Zunächst wird dazu eine weitere Folgerung aus der Eigenschaft der Konvexität gezogen.

Hilfssatz 2. *Seien $F: [a, b] \to \mathbb{R}$ eine konvexe Funktion und $\gamma \in [a, b]$ beliebig.*

Dann ist die Funktion, die $\alpha \in [a, b]$ mit $\alpha < \gamma$ auf die Steigung der Sekanten durch die Punkte $\bigl(\alpha, F(\alpha)\bigr)$ und $\bigl(\gamma, F(\gamma)\bigr)$ abbildet, also

$$\alpha \mapsto \frac{F(\alpha) - F(\gamma)}{\alpha - \gamma},$$

monoton wachsend.

Gleiches trifft auf die Funktion zu, die $\beta \in [a, b]$ mit $\beta > \gamma$ auf die Steigung der Sekanten durch die Punkte $\bigl(\beta, F(\beta)\bigr)$ und $\bigl(\gamma, F(\gamma)\bigr)$ abbildet.

6.3 Konvexe bzw. konkave Funktionen und ihre Differenzierbarkeit

Beweis. Seien $\alpha, \alpha' \in [a, b]$ mit $\alpha < \alpha' < \gamma$ beliebig. Aufgrund der Konvexität von F an der Stelle α' liegt dann $(\alpha', F(\alpha'))$ nicht oberhalb der Sekanten durch die Punkte $(\alpha, F(\alpha))$ und $(\gamma, F(\gamma))$, so dass

$$F(\alpha') \leq \frac{F(\gamma) - F(\alpha)}{\gamma - \alpha}(\alpha' - \gamma) + F(\gamma)$$

und, wegen $\alpha' - \gamma < 0$, somit gilt

$$\frac{F(\alpha') - F(\gamma)}{\alpha' - \gamma} \geq \frac{F(\gamma) - F(\alpha)}{\gamma - \alpha} = \frac{F(\alpha) - F(\gamma)}{\alpha - \gamma}.$$

Die Aussage über das monotone Wachsen der Steigung der Sekanten durch die Punkte $(\beta, F(\beta))$ und $(\gamma, F(\gamma))$ rechnet man analog nach. □

Ist also $F: [a, b] \to \mathbb{R}$ konvex auf $[a, b]$ und $\gamma \in [a, b]$ mit $\gamma < b$, so sind nach Hilfssatz 2 die Steigungen der Sekanten durch die Punkt $(\alpha, F(\alpha))$ und $(\gamma, F(\gamma))$ für $\alpha < \gamma$ monoton wachsend für α gegen γ und nach Hilfssatz 1 durch $\frac{F(b)-F(\gamma)}{b-\gamma}$ nach oben beschränkt. Aufgrund des Satzes von Bolzano-Weierstraß, der an dieser Stelle als Aussage über die Eigenschaften der reellen Zahlen investiert werden muss, existiert also der linksseitige Grenzwert der Sekantensteigungen von F in γ, also der linksseitige Differentialquotient von F in γ. (Im Falle $\gamma = b$ kann die Sekantensteigung auch bestimmt nach $+\infty$ divergieren.) Analog sieht man ein, dass im Falle $a < \gamma$ auch der rechtsseitige Differentialquotient von F in γ existiert. (Entsprechend kann im Falle $\gamma = a$ die Sekantensteigung bestimmt nach $-\infty$ divergieren.)

Dabei ist aufgrund von Hilfssatz 1 der linksseitige Differentialquotient an der Stelle γ stets kleiner oder gleich dem rechtsseitigen Differentialquotienten an dieser Stelle. Weiterhin trennt wegen des monotonen Wachsens der Sekantensteigungen jede Zahl m, die zwischen dem links- und dem rechtsseitigen Differentialquotienten liegt, die Sekantensteigungen links und rechts von γ, gibt also nach der Bemerkung in Abschn. 6.1 Anlass zu seiner Stützgerade von unten an den Graphen von F an dieser Stelle. In Umkehrung der Folgerung aus Hilfssatz 1 existieren also Stützgeraden von unten an den Graphen der konvexen Funktion F an jeder Stelle γ.

In der gegebenen Situation ist die Funktion F genau dann differenzierbar an der Stelle γ, wenn dort ihr linksseitiger und ihr rechtsseitiger Differentialquotient mit einander übereinstimmen. Somit kann man die Differenzierbarkeit der konvexen (ebenso: einer konkaven) Funktion F an der Stelle γ dadurch charakterisieren, dass es genau eine Stützgerade an den Graphen von F an der Stelle γ gibt; diese ist dann die Tangente an den Graphen von F an der Stelle γ, speziell gibt die Steigung dieser Stützgeraden den Wert der Ableitung von F an der Stelle γ an.

Diese grenzwertfreie Definition der Tangente für konvexe bzw. konkave Funktionen wird in den Artikeln [5–7] dazu verwendet, die Ableitungen der elementaren Funktionen zu bestimmen, vgl. auch [22]. Die hierbei durchgeführten Rechenschritte zur Trennung der Sekantensteigungen sind analog zu den hier in Kap. 2 zu findenden.

Was Sie aus diesem *essential* mitnehmen können

- Für die Integralrechnung in der Schule benötigt man nur einen einzigen, anschaulich durchführbaren Grenzprozess.
- Der Rest besteht aus Abschätzungen im Endlichen.
- Eine technisch aufwändige Theorie der Grenzwerte ist nicht erforderlich.
- Unter anderem Monome, die Sinus-, die Cosinus- und die Exponentialfunktion lassen sich damit erfassen.
- Dieser Zugang entspricht der grenzwertfreien Definition der Ableitung für konvexe und konkave Funktionen.

Literatur

1. Appell, Kristina: Das Tangentenproblem im Mathematikunterricht. In Peter Baptist (Hrsg.), *Mathematikunterricht im Wandel*, S. 99–126. Bamberg: C. C. Buchner 2000.
2. Baumann, Peter & Thomas Kirski: Analysis mit hyperreellen Zahlen. *Mitteilungen der Gesellschaft für Didaktik der Mathematik* 100 (2016), 6–16.
3. Baumann, Peter & Thomas Kirski: Analysis ohne Grenzwert! *Mitteilungen der Gesellschaft für Didaktik der Mathematik* 102 (2017), 15–16.
4. Blåsjö, Viktor: On what has been called Leibniz's rigorous foundation of infinitesimal geometry by means of Riemannian sums. *Historia Mathematica* 44, 2 (2017), 134–149.
5. Dräger, Klaus: Ableitung von $f(x) = x^n$ – Versuch einer grenzwertfreien Darstellung. *MNU – Der mathematische und naturwissenschaftliche Unterricht* 66, 3 (2013), 172–175.
6. Dräger, Klaus: Die Ableitung von $y = \exp(x)$ ohne Grenzwert vom Typ 0/0. *MNU – Der mathematische und naturwissenschaftliche Unterricht* 67, 8 (2014), 469–473.
7. Dräger, Klaus: Die Ableitung ohne Grenzwertprozess für die Sinus-Funktion. *MNU Journal* 70, 1 (2017), 27–32.
8. Elschenbroich, Hans-Jürgen: Anschauliche Zugänge zur Integralrechnung mit dem Integrator. *MNU Journal* 70, 5 (2017), 312–317.
9. Greefrath, Gilbert, Reinhard Oldenburg, Hans-Stefan Siller, Volker Ulm & Hans-Georg Weigand: *Didaktik der Analysis: Aspekte und Grundvorstellungen zentraler Begriffe*. Berlin, Heidelberg: Springer-Verlag 2016.
10. Hankel, Hermann Hankel: Untersuchungen über die unendlich oft oscillirenden und unstetigen Functionen, in *Gratulationsprogramm der Tübinger Universität vom 6. März 1870*, hier in *Mathematische Annalen* 20 (1882), 63–112.
11. Kaenders, Rainer & Christoph Kirfel: Ableitung und Integral bei Basisfunktionen der Schule mit Elementargeometrie (Teil I). *MNU Journal* 73, 2 (2020), 156–162.
12. Kaenders, Rainer & Christoph Kirfel: Ableitung und Integral bei Basisfunktionen der Schule mit Elementargeometrie (Teil II). *MNU Journal* 73, 4 (2020), 328–333.
13. Klein, Felix: *Elementarmathematik vom höheren Standpunkte aus, I*. Die Grundlehren der mathematischen Wissenschaften in Einzeldarstellungen 14. Berlin: Julius Springer, 4. Auflage 1933, Nachdruck 1968.
14. Knobloch, Eberhard: Leibniz und sein Meisterwerk zur Infinitesimalgeometrie. In Günter Löffladt (Hrsg.), *Mathematik – Logik – Philosophie*, S. 245–254. Frankfurt am Main: Verlag Harri Deutsch 2012.

15. Kultusministerkonferenz: *Bildungsstandards im Fach Mathematik für die Allgemeine Hochschulreife. Beschluss der Kultusministerkonferenz vom 18.10.2012.* http://www.kmk.org/fileadmin/Dateien/veroeffentlichungen_beschluesse/2012/2012_10_18-Bildungsstandards-Mathe-Abi.pdf.
16. Leibniz, Gottfried Wilhelm: *De quadratura arithmetica circuli ellipseos et hyperbolae cujus corollarium est trigonometria sine tabulis.* Kritisch herausgegeben und kommentiert v. Eberhard Knobloch. Abhandlungen der Akademie der Wissenschaften in Göttingen, Mathematisch-Physikalische Klasse, Dritte Folge, Nr. 43. Göttingen: Vandenhoeck & Ruprecht 1993.
17. Leibniz, Gottfried Wilhelm: *Sämtliche Schriften und Briefe (Akademie-Ausgabe).* Herausgegeben von der Berlin-Brandenburgischen Akademie der Wissenschaften und der Akademie der Wissenschaften zu Göttingen. Reihe III: Mathematischer, naturwissenschaftlicher und technischer Briefwechsel, Band 7. Berlin: Walter de Gruyter 2010 und http://www.gwlb.de/Leibniz/Leibnizarchiv/Veroeffentlichungen/III7B.pdf.
18. Leibniz, Gottfried Wilhelm: *De quadratura arithmetica circuli ellipseos et hyperbolae.* Herausgegeben und mit einem Nachwort versehen v. Eberhard Knobloch. Aus dem Lateinischen übersetzt v. Otto Hamborg. Klassische Texte der Wissenschaft. Berlin, Heidelberg: Springer Spektrum 2016.
19. Lingenberg, Wilfried: Konvergenz und Grenzwert im nichtstandardbasierten Unterricht. *Mitteilungen der Gesellschaft für Didaktik der Mathematik* 106 (2019), 14–17.
20. Ullrich, Peter: Das Manuskript von Leibniz aus dem Jahre 1676 über Infinitesimalrechnung. *Der Mathematikunterricht* 63, 4 (2017), 18–28.
21. Ullrich, Peter: „Hujus propositionis lectio omitti potest": Leibniz's general method for the quadrature of monotone curves in his 1676 „De quadratura arithmetica circuli [...]". In Wenchao Li, Charlotte Wahl, Sven Erdner, Bianca Carina Schwarze und Yue Dan (Hrsg.), *„Le present est plein de l'avenir, et chargé du passé", Vorträge des XI. Internationalen Leibniz-Kongresses*, Bd. 3, S. 427–441. Hannover: Wehrhahn Verlag 2023.
22. Warzecha, Ellen: *Ein alternativer Einstieg in die Differentialrechnung anhand der grenzwertfreien Tangentenvorstellung, Demonstration am Beispiel von Polynomen und ihren Umkehrfunktionen.* Masterarbeit im Studiengang für das Lehramt an Gymnasien im Fach Mathematik. Koblenz: Universität Koblenz · Landau 2017.

MIX
Papier aus verantwortungsvollen Quellen
Paper from responsible sources
FSC® C105338

If you have any concerns about our products,
you can contact us on
ProductSafety@springernature.com

In case Publisher is established outside the EU,
the EU authorized representative is:
**Springer Nature Customer Service Center GmbH
Europaplatz 3, 69115 Heidelberg, Germany**

Printed by Libri Plureos GmbH
in Hamburg, Germany